●カバー下段
　2003年の北千歳駐屯地開庁記念行事において、大きく砲塔を振る第71戦車連隊第4中隊の90式戦車。あまり見慣れないアングルから超望遠レンズで90式を切り取った1枚。(撮影／滝崎紀明)

●本表紙
　富士総合火力演習の本番に向け発進する瞬間の戦車教導隊第5中隊。90式戦車の砲塔側面にある発煙弾発射器は、ネジ止めの蓋が外され黒い〈発射発煙弾〉が装填されている。2005年8月27日。

●前ページ(見開き)、P.6～P.7
　総合火力演習の練成訓練。戦車教導隊第5中隊がいるはずの地点に向けて歩いていく途中、周囲を森林で囲まれた広場のような場所で待機する同第3中隊に出くわした。2003年8月23日撮影。

●P.3扉
　総合火力演習の出番直前、実弾の支給を受け防弾ベストを身に付けた普通科教導連隊第4中隊の小銃分隊。偶然の構図が決まりすぎて、まるで"やらせ"のような写真となった。2005年8月23日。

●P.4-5まえがき
　総合火力演習の会場正面での射撃を終え、坂を駆け下ってくる戦車教導隊第4中隊。後続の小隊はそれまで標的のほうに向けていた砲身をちょうど正面に旋回させたところ。2005年8月18日撮影。

陸上自衛隊の機甲部隊

装備車両 & マーキング
JGSDF Armored Forces Vehicles, Insignias and Operations

浪江俊明 *Toshiaki Namie*【編著】

大日本絵画 *Dainippon Kaiga*

陸上自衛隊の機甲部隊

装備車両＆マーキング　JGSDF Armored Forces Vehicles, Insignias and Operations

まえがき Introduction

陸上自衛隊の駐屯地記念行事や富士総合火力演習に出かけると、戦車や装甲車をはじめとする多種多様な車両を装備しているのを見ることができる。それらをカタログ的に眺めれば、そうとうな火力と装甲、それに機動力を併せ持っていて、部隊としてまとまればさぞかし強力であろうと想像される。

ところが日本でただひとつの"機甲師団"こと第7師団のほか、わずかな部隊を例外とする一般の師団／旅団の機械化、装甲化のレベルは決して高いとは言えず、諸外国でいう機械化歩兵師団または自動車化歩兵師団にも及ばないところに長いこと留まっていた。

普通科（歩兵）に対する戦車や特科（砲兵）の部隊規模の比率はさておき、普通科部隊の多くは中隊レベルに自隊保有の車両やトラックをほとんど持たなかった。このため、連隊本部付の車両小隊や師団輸送隊など、全体としては隊員を運ぶ車両がありながらも、移動の際にはいちいちそれらの支援を仰がなければならなかった。状況に応じた移動の自由度に欠け、ましてや装甲はまったく欠いていたのである。

迫撃砲や対戦車火器など、大きな装備を扱う中隊には従来から固有の車両があったものの、在来編成の普通科中隊に車両が配備されて連隊の自動車化が進んだのは、せいぜいここ10年か15年のことだった。それも主に高機動車の配備によってであり、依然として装甲車化は望むべくもなかった。

そして従来の装軌式APC（装甲兵員輸送車）と比較して価格が低く抑えられたWAPC（96式装輪装甲車）やLAV（軽装甲機動車）が調達されるようになったことで、従来の装甲車に求められた用途とはやや趣が異なるとはいえ、ようやく北海道以外の普通科連隊にもある程度まとまった数の"装甲車"が配備されるようになった。

現在のところ、WAPCは60式および73式装甲車の更新用として主に北海道の部隊に送られ、LAVは九州や西日本を中心にして、普通科連隊のうち差し当たり1個中隊を装甲車化する配分で配備が進んでいる。

一方、現有装備のほうに目を転ずると、'70年代に制式となり、数の上で主力の座を占めてきた車両が耐用期限を迎えて用途廃止（廃車）される情勢となっている。これらは冷戦期の危機感を反映して現在よりも年間の調達数が多かったため、1年間でリタイアする数も当然多くなってくる。

戦車を例に取れば、総計870両が生産された74式戦車は年間40両前後のペースで減勢していて、すでに600両を割り込んでいると見られている。また、年間15両から20両弱で生産が続けられてきた90式戦車は、平成18年度には74式戦車43両の減勢に対して11両が整備されると見込まれる。これを含むと合計300両を越えること

なるが、計560両が作られた61式戦車の6割に満たない数量で調達を終えそうである。

世界の歩兵戦闘車を凌ぐ性能諸元をもって登場した89式装甲戦闘車や、これまたドイツのゲパルトを上回る高性能とされる自走高射火器の87式自走高射機関砲もそれぞれ主に北海道の所用分である50両ほどが生産されたところですでに生産が終了している。

ほんの数年のうちには40トン級の新戦車が姿を現わし、人員輸送車だけでなく複数の自走砲や対空機関砲、指揮通信車に偵察警戒車など、多くの車種を効率よく更新するための共通車台とするべく、これまでにないファミリー化が考慮された新型の8輪装甲車も追って登場するだろう。

ところが、ミサイル防衛構想に予算を取られながら、陸自は国際貢献やゲリコマ対処、市街地戦闘など多様な任務にも向かわねばならない。固有のデジタル化に加え、部隊全体の情報通信のネットワーク化が求められるようにもなった。装備の単価はますます上昇し、新しく登場するそれらは、数量的にかなり限られたものとなるに違いない。緊急展開部隊である中央即応集団の新編が計画され、陸海空三自衛隊の統合運用構想に向けた改革案も浮上してきた。

そんなわけで、まだ"軍事における革命"がさほど陸自に影響を及ぼしていない、世紀の変わり目からの数年間は、対着上陸や対機甲戦闘を念頭

に置いた従来型の戦力整備の観点からは、質量ともに陸自装備がもっとも充実した一時期と考えられはしないだろうか。

と無理して書いてみたが、早い話が戦車関連の本を出すなら早くしないと、記録に残すべき戦車そのものがそうとう減ってしまうようなのだ。

2003年の夏から2005年の夏。総合火力演習の練成訓練を主体にたびたび東富士演習場を訪れ、いろいろな部隊を見学させてもらった。めったにまともな写真が撮れるでなく、またルポライターのように取材する能力を持ち合わせてはいないのが悔しいけれども、ともかくいろいろ珍しいシーンを見ることはできた。とくに印象的だったのは、夜明け前から装備の準備をして訓練し、一息つくまもなく車両の手入れをし、整備してはまた訓練を繰り返す隊員の姿だった。ほんの数キロ走ったら足回りの点検を行ない、ひとしきり撃ったと思えば驚くほど頻繁に砲や機銃の清掃をしているのだ。

時代が変わったはずなのに戦記にある戦車兵の苦労話とたいして変わっていないようであるし、1周か2周サーキットを回っただけですぐにピットに入って微調整を行ない、こまめにセッティングを煮詰めながら周回タイムを削っていくレーシングカーとメカニックのチームを思わせる光景でもあった。また、その仕種なりポーズや雰囲気と

いったものが、ドイツやアメリカなどの国籍や第二次大戦やベトナムなどの時代を問わず、驚くほど記録写真で見る兵隊たちのイメージと重なっているようであるのもとても興味深かった。

ピントが合っているかと思えばブレ、これは止まったかと思えば露出がダメという素人写真でどこまで伝わるかはわからないけれど、せっかく撮らせてもらった自衛隊の"現場"を紹介したいし、この本からその雰囲気が多少なりとも滲み出るといいと思っている。

併せて、師団の近代化改編によって多少なりとも規模が縮小されるであろう（3月の時点で未確認）第6および第3〈戦車大隊〉を皮切りに、これから部隊の数がどんどん減ってしまうと思われる戦車部隊を中心に、全国の部隊マークを切り口にした陸自〈機甲部隊〉の写真集と配置状況マップを企画した。もとよりマークは常に変遷する"生きモノ"であって、その場で捕まえておくのがたいへん難しい。情報提供をいただければ幸いに思う。

[本書タイトルについて]

自衛隊の職種でいう〈機甲科〉は、〈戦車〉および〈偵察〉部隊が含まれる。本書ではより多くの職種を対象とするため、悪しからず「機動力があって装甲されている」というくらいの広い意味でゆるく捉えている。

目次 CONTENTS

まえがき	4
主要車両の名称と省略表記一覧	8
陸自車両の擬装とマーキング	9
陸上自衛隊の組織と編成	34
陸上自衛隊の装甲車両 全国配備マップ	36
ホンモノはこう塗っている。	
戦車教導隊式 部隊マーク塗装術	48
首都圏において陸上自衛隊「機甲部隊」を代表する 富士教導団	50
晩夏の恒例行事。「教導団」の花道。	
富士総合火力演習	52
◎戦車教導隊	
第5中隊[点検射]の準備状況	56

第2中隊 実弾演習の準備状況 …… 60	第5中隊 宿営地での点検・整備 …… 106
第2中隊 植物による擬装の実施 …… 64	◎偵察教導隊 …… 112
第5中隊「小隊、前へ」…… 66	偵察バイクのヘリコプター搭載要領 …… 114
第3中隊 演習後の点検・整備1 …… 68	状況開始！遮蔽位置から飛び出す斥候班 …… 118
第5中隊 演習後の点検・整備2 …… 72	宿営地における作業風景 …… 120
◎特科教導隊	通称「キツネ塚」における待機 …… 123
第3中隊 99式自走155mm榴弾砲の陣地進入 …… 78	戦車教導隊本部の偵察小隊 …… 124
第4中隊 203mm自走榴弾砲の射撃 …… 80	◎その他本部付の車両など …… 126
第2中隊 155mm榴弾砲FH-70の射撃 …… 87	
◎普通科教導連隊	富士学校および富士教導団の編成 …… 129
第1中隊 軽装甲機動車の待機風景 …… 94	あとがき／奥付 …… 134
第4中隊 演習直前のイメージトレーニング …… 98	

陸上自衛隊の主要装備の省略表記一覧

陸自の主要装備にはそれぞれ公募愛称が付けられている。わかりやすいところでは74式戦車が"ナナヨン"、90式戦車が"キュウマル"で、これは現場の隊員もそう呼んでいる。しかし89式装甲戦闘車が"ライトタイガー"、203mm自走榴弾砲が"サンダーボルト"など、わかるようでわからないネーミングもあって、いまひとつ一般化しなかったように思う。一方、自衛隊が書類や作戦地図などで使う省略表記があって、これは制式年度や口径と制式名称の英訳のイニシャルで成りたっている。いったん英語だと知れば、わりと字面からイメージしやすいのではないだろうか。"75式自走130mm多連装ロケット発射器"などと長々書くよりも"MSSR"の4文字で済ませたほうが楽だし、写真説明を名前だけで埋めてしまうのはスペースが惜しい。本書でも必要に応じてこの記号を使うつもりなので、ここに一覧にしてみた。ただし"Mine Clianing Vehicle"の表記も見かける92式地雷原処理車のように、念のため調べてみたら"MBRS"だとわかった例もあるが、一部に未確認のものが含まれている。

制式名称	略称	英文表記
■機甲科 /Armored Branch		
74式戦車	74TK	Type 74 (Main Battle) Tank
90式戦車	90TK	Type 90 (Main Battle) Tank
87式偵察警戒車	RCV	(Type 87) Reconnaissance Combat Vehicle
■特科 /Field Artillery Branch		
75式自走155mm榴弾砲	15HSP	(Type 75) 15cm Howitzer Self Propelled
99式自走155mm榴弾砲	99HSP	Type 99 (15cm) Howitzer Self Propelled
203mm自走榴弾砲	20HSP	203mm Howitzer Self Propelled
多連装ロケットシステム	MLRS	Maltiple Launch Rocket System
75式自走130mm多連装ロケット発射機	MSSR	(Type 75) Multiple Surface to Surface Rocket
82式指揮通信車	CCV	(Type 82) Command Communications Vehicle
■高射特科 /Air Defence Artillery Branch		
87式自走高射機関砲	87AW	Type 87 Automatic Weapon (Self Propelled)
81式短距離地対空誘導弾	SSAM	(Type 81) Short-Range Surface to Air Missile
93式近距離地対空誘導弾	CSAM	(Type 93) Close-Range Surface to Air Missile
■普通科 /Infantry Branch		
60式装甲車	60APC	Type 60 Armored Personnel Carrier
73式装甲車	73APC	Type 73 Armored Personnel Carrier
96式装輪装甲車	WAPC	(Type 96) Wheeled Armored Personnel Carrier
軽装甲機動車	LAV	Light Armored Vehicle
89式装甲戦闘車	FV	(Type89 Infantry) Fighting Vehicle
高機動車	HMV	High Mobility Vehicle
96式自走120mm迫撃砲	120MSP	120mm Mortar Self Propelled
96式多目的誘導弾	MPMS	(Type 96) Multi Purpose Missile System
■化学科 /Chemical Corps		
化学防護車	CRV	Chemical Reconnaissance Vehicle
■施設科 /Corps of Engineers		
91式戦車橋	91ARBV (91TB)	Type 91 Armored Bridgelayer Vehicle(Tank Bridge)
92式地雷原処理車	92MBRS (92MCV)	Type 92 Minefield Breaching Rocket System
施設作業車	EV	(Armored) Engineer Vehicle
78式戦車回収車	78ARV (78TKR)	Type 78 Armored Recovery Vehicle(Tank Recovery)
90式戦車回収車	90ARV (90TKR)	Type 90 Armored Recovery Vehicle
■航空科装備 /Aviation Corps		
対戦車ヘリコプター(コブラ)	AH-1S	Attack Helicopter, Model 1S(Cobra)
観測ヘリコプター	OH-1	Observation Helicopter, Model 1
多用途ヘリコプター	UH-60JA	Utility Helicopter, Model 60JA
輸送ヘリコプター(チヌーク)	CH-47JA	Cargo Helicopter, Model 47JA
■携行火器 /Small Weapons		
89式5.56mm小銃	89Rif	Type 89 Rifle
5.56mm機関銃MINIMI	5.56MG MINIMI	5.56mm Machine Gun MINIMI
84mm無反動(カールグスタフ)	84RR	84mm Recoilless Rocket (Karl Gustav)

陸自車両の偽装とマーキング
Camouflage and Markings

写真／滝崎紀明、井上大輔、本田圭吾(インタニヤ)、陸上自衛隊
協力／防衛庁陸上幕僚監部 広報室

陸上自衛隊は、保有する14個（平成18年3月まで13個）の師団／旅団のうち、空中機動部隊である第12旅団を除く13個に配備している戦車をはじめ、各職種（兵科）にさまざまな装備車両を配備している。ここでは編集中に集め得た限りの写真をもとに、全国の部隊めぐりを試みようと思う。装備に描かれたマークを切り口にしているが、あわせて擬装の様子や地域の風物も取り入れてみた。

Noriaki TAKIZAKI

北部方面隊
Northern Army

第2師団
2nd Division

日本の最も北に位置する第2師団は、北海道旭川市に司令部を置く。基幹は第3・第25・第26の3個普通科連隊。ほかに特科・戦車・後方支援の各"連隊"、高射特科・施設・通信の各"大隊"、偵察・化学防護・飛行・音楽の各"隊"で編成される。第3普通科連隊はWAPCで装甲車化され、戦車部隊も6個中隊と規模が大きい。さらに各普通科連隊に対戦車中隊を持つなど、全般的に火力と機動力が大きいのが特徴。

第2戦車連隊
2nd Tank Regiment

上富良野に駐屯する第2戦車連隊は単一の戦車部隊のなかで最大規模の6個戦車中隊を擁し、うち第4・第5・第6中隊へ90式戦車が導入されている。マークは中隊別で、ローマ数字の"2"に中隊番号のアラビア数字（本部中隊は"S"）を合わせている。

■射撃競技会における第2戦車連隊第1中隊の74式戦車。泥の中での操縦手の視界を確保するため、フェンダーの効果を高める工夫が施されている。■同じく第2中隊の74式戦車。砲身の白帯でも中隊を識別できる。■駐屯地記念行事で前傾姿勢を展示する第3中隊の74式。■第3中隊のマーク。■同じく第4中隊のもの。■連隊旗を掲げた第6中隊の90式戦車。■連隊本部中隊の90式戦車回収車。陸自では整備部隊の改編で戦車回収車は後方支援連隊に集約されつつあるが、これは例外的。

①〜⑭ Noriaki TAKIZAKI

第3普通科連隊
3rd Infantry Regiment

名寄駐屯地に所在する第3普通科連隊は、第2師団の3個普通科連隊のうち唯一の装甲車化連隊とされている。隷下（指揮下）のナンバー中隊（重迫撃砲と対戦車の各中隊を除く一般の中隊のこと）4個すべてがWAPC（96式装輪装甲車）で装備され、高い機動性と防護性、大火力を特徴としている。8.12駐屯地の記念行事で撮影された第2中隊のWAPCとそのマーク。9同じく第3中隊の車両。10第4中隊の同車。11イラク派遣によって全国的に知られる第1中隊の"毘"マーク。

第5旅団
5th Brigade

平成16年3月末に師団から改編されコンパクト化した第5旅団は帯広に司令部を置く。隷下部隊は本部管理中隊以下それぞれ3個中隊で編成される第4・第6・第27の3個普通科連隊を基幹とする。そして特科・戦車・偵察・飛行・後方支援・音楽の各"隊"、高射特科・対舟艇対戦車・施設・通信の各"中隊"で編成される。第27普通科連隊はWAPCで装甲車化され、第4・第6普通科連隊にもLAVが導入されつつある。

第5戦車隊
5th Tank Unit

鹿追駐屯地に配置された第5戦車隊は旅団化にともない、それまでの戦車大隊から戦車隊へと縮小された。一方、2005年春から90式戦車の配備が始まり、第1中隊を皮切りに順次74式から90式への更新が進んでいる。いずれは隊のすべてが90式になる見込みだ。

13 2005年11月末に行なわれた北部方面隊戦車射撃競技会における第5戦車隊本部の74式戦車。鹿の角のようなシンプルなマークを付けている。14 2002年の鹿追駐屯地で撮影された第5戦車大隊（当時）本部管理中隊の74式戦車。数字の5と鹿の組み合わせ。

第5戦車隊
5th Tank Unit

1 これも2002年の鹿追駐屯地記念行事において撮影された第5戦車隊第2中隊の74式戦車。つや消しの塗装が施された戦車は埃っぽいイメージがあるが、この日は観閲行進の前に雨が降ったため、濡れた車体が普段とは違う光沢を放っている。また、排気煙と水蒸気が立ち上って印象的な絵となっている。第2中隊のマークはクチバシが黄色い"ハイビジ"のバージョンだ。**2** 戦車射撃競技会で整列する第1中隊の車両。サムアップのサインを出す車長からも活気が感じられる画像だが、事実この小隊が優勝を果たしている。マークは戦車砲のAPFSDS（装弾筒付き翼安定徹甲弾）弾と電光の組み合わせ。**3** 整列した第3中隊。このカットでは写っていないが、逆V字の隊形をとっている。**4** 第2中隊のマークのロービジ（低視認性）版。**5** すでに解隊された第319戦車中隊の車両を捉えた印象的な一枚。319中隊は北海道の部隊を増強するために第5戦車大隊に配属されていた。**6** 観閲パレードにおける第1中隊の74式。同じAPFSDS弾と電光のモチーフながら別バージョンのマークを付けている。

第5偵察隊
5th Reconnaissance Unit

7 第5旅団はコンパクトながら、3個中隊編成の戦車隊や75式自走155mm榴弾砲4個中隊編成の特科隊など、名称のわりに充実した装備を持つ。もちろん偵察隊には6輪駆動のRCV（87式偵察警戒車）が配備されている。

1 2 3 5 JGSDF, **4 6 7** Noriaki TAKIZAKI

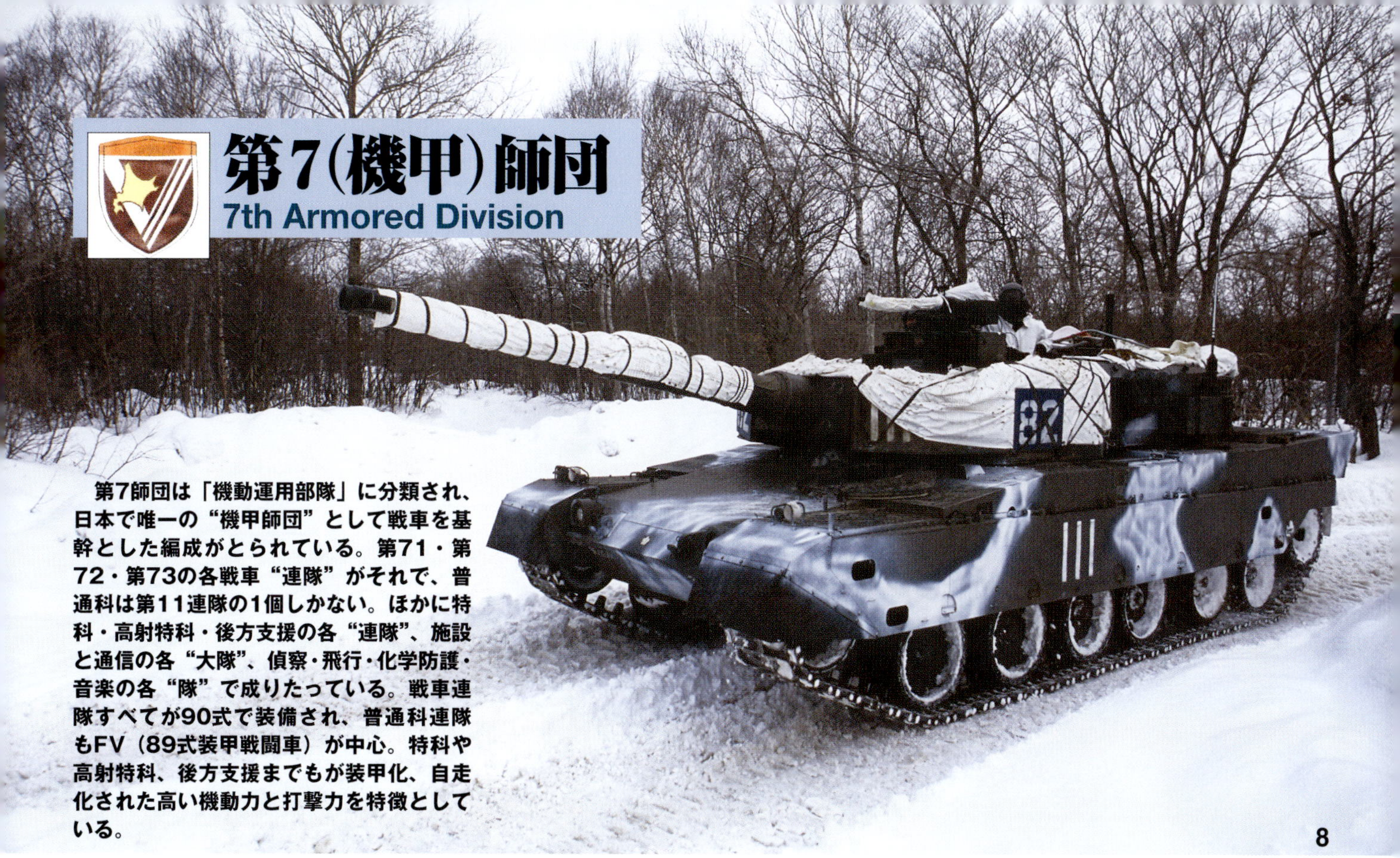

第7(機甲)師団
7th Armored Division

第7師団は「機動運用部隊」に分類され、日本で唯一の“機甲師団”として戦車を基幹とした編成がとられている。第71・第72・第73の各戦車“連隊”がそれで、普通科は第11連隊の1個しかない。ほかに特科・高射特科・後方支援の各“連隊”、施設と通信の各“大隊”、偵察・飛行・化学防護・音楽の各“隊”で成りたっている。戦車連隊すべてが90式で装備され、普通科連隊もFV（89式装甲戦闘車）が中心。特科や高射特科、後方支援までもが装甲化、自走化された高い機動力と打撃力を特徴としている。

8

第71戦車連隊
71st Tank Regiment

9

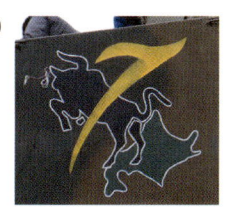

第71戦車連隊は第7師団戦車戦力の頭号連隊であるとともに、陸上自衛隊の全戦車部隊を代表する存在でもある。連隊は北千歳に所在し、5個中隊すべてが90式戦車で構成されている。北海道と「鉄牛」のシルエットに部隊番号を組み合わせたマークは、昭和36年に部隊の前身である第7戦車大隊創設にさいして、“世界最強の戦車部隊”を目指して制定されたもの。戦車教導隊第2中隊の流星と並んで、よく知られたマークのひとつだ。

10

11

12

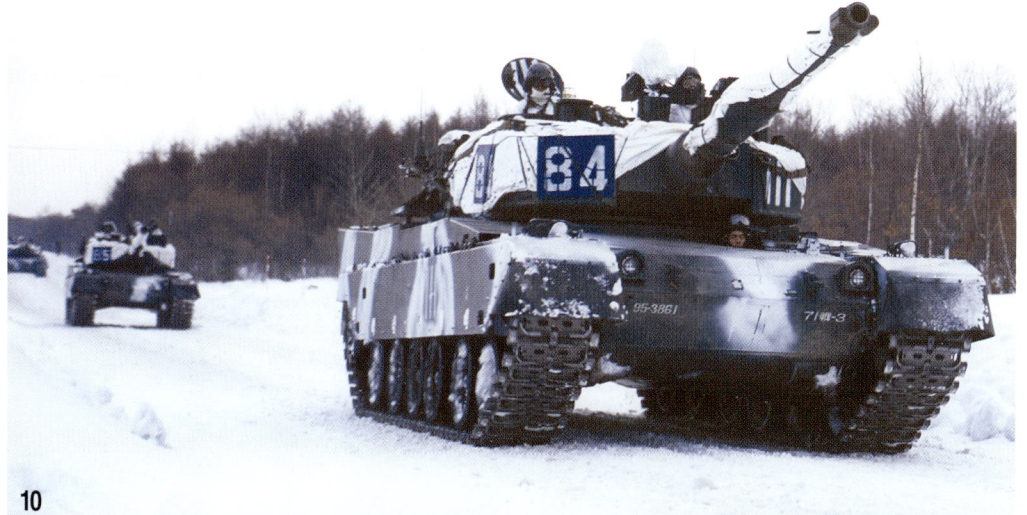

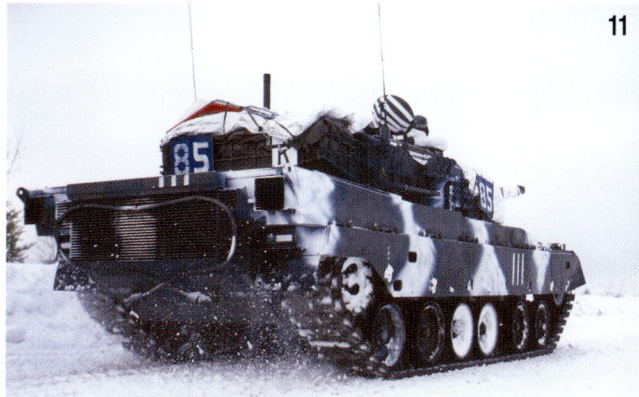

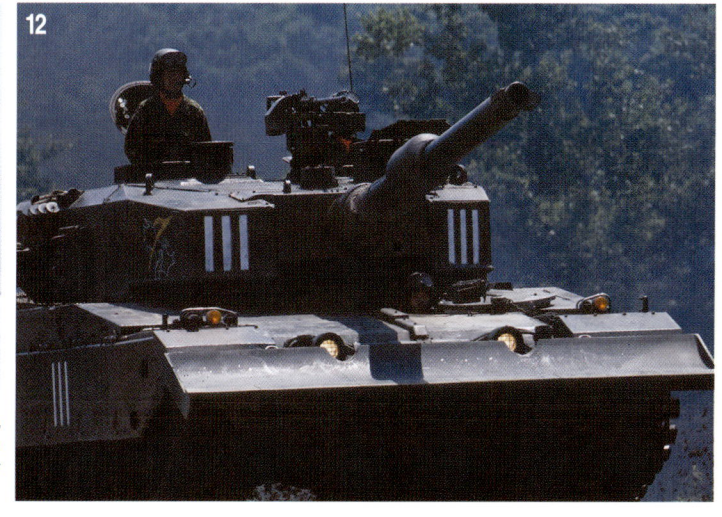

8 10 11 いずれも演習において雪原を機動する第71戦車連隊第3中隊の90式戦車。白色の塗料を帯状にスプレーした雪中迷彩を施し、大小の穴が波模様に開けられた専用の布を使って砲塔部を擬装している。9 この牛は「些細なことでは動じないが、ひとたび怒れば荒熊をも突き飛ばす」12 これも第3中隊のドーザー付き90式戦車。

8～12 *JGSDF*

第72戦車連隊
72nd Tank Regiment

　北恵庭に駐屯する第72戦車連隊は、昭和56年の第7師団改編にともなって現在の名称になったが、その源流は第7特車大隊の創隊に遅れること3年の昭和29年、第103特車大隊にさかのぼる。現在の部隊マークは戦車部隊のルーツである騎兵の「馬」のシルエット。これを連隊の全車が記入している。2002年までは中隊ごとにマークを定めていた。

[1]第71戦車連隊第4中隊の90式戦車。地雷処理ローラー仕様の車体。[2]同じく第5中隊の車両。ポリタンクと思われる材料で工夫された照準潜望鏡のフードに中隊マークが描かれている。[3]第7師団創設記念行事でパレードする第72戦車連隊。手前から第1・第2・第3中隊のカラフルなマークが確認できる。[4]白馬のマークで統一された現在の第72戦車連隊。ただし演習や競技会などの場合によっては中隊マークも（控えめに）併用しているようだ。[5]第72戦車連隊第4中隊のマークは"半身半馬の槍騎兵"とローマ数字の組み合わせ。[6]同じく第5中隊はローマ数字とコブラをあしらっている。

[1][3][5] Noriaki TAKIZAKI, [2] JGSDF, [4][6] 7th Division

第73戦車連隊
73rd Tank Regiment

　第73戦車連隊は南恵庭駐屯地に所在し、連隊マークの形状から「勝兜連隊」の俗称を頂いている。マークは北海道大演習場を見下ろす恵庭岳のシルエットに、戦車の履帯爪（グローサー）を"鍬形"、戦車の形にデザインした"73"の文字を"前立て"として合わせ、全体を戦国武将の兜と見立てて隊員の意気込みを表現しているという。5個中隊の連隊全車が同じマークを描き、中隊の識別は砲塔のローマ数字によっている。

■7 戦車射撃競技会において同僚の声援を受ける第73戦車連隊第4中隊の90式戦車（地雷処理ローラー仕様）。砲塔上面の砲手用照準潜望鏡に大きなフードが追加装着されている。■8 東千歳駐屯地で行なわれた第7師団の創設記念行事において、パレードを前に整列した第73戦車連隊（および第7師団）の車両群。画面奥には第71、第72連隊の90式戦車も並び、地平線まで戦車で埋め尽くされているかのようだ。

第7特科連隊
7th Artillery Regiment

　第7特科連隊は東千歳に駐屯し、連隊本部および本部付隊、情報中隊のほか4個大隊の編成。すべてが75式自走155mm榴弾砲だったが第1大隊から99式が配備され始め、徐々に更新が進んでいる。

■9 第7特科連隊第1大隊第1中隊のマーク。■10 同じく創隊記念行事のパレードにおける第1大隊第2中隊の75HSP。

7/8/10 JGSDF, 9 Noriaki TAKIZAKI

第11普通科連隊
11th Infantry Regiment

東千歳に駐屯する第11普通科連隊は第7師団で唯一の普通科部隊。本部管理中隊以下、6個のナンバー中隊と重迫撃砲中隊で編成され、そのすべてがFV（89式装甲戦闘車）ほかの装軌式車両で装甲車化されている。陸自でもっとも機動性にすぐれ、もっとも重装備の普通科連隊である。

1〜6 JGSDF

■1 夜明けから間もない時間。低感度のポジフィルムを入れたカメラでようやく撮影ができる程度にまで明るくなった演習場における第11普通科連隊のFVと第7特科連隊第1大隊第1中隊の73式装甲車（APC）。■2 整列した第11普連第5中隊のFV。砲塔右（向かって左）前面に赤い蜂をモチーフにした中隊マークが見える。同連隊は第1・第2・第3・第5中隊がFV、第4と第6が73APCで装甲車化されている。■3 東千歳のパレードにおける第3中隊のFV。第3中隊は各車がニックネームを持っている。写真のほかに零、流星、彗星、景雲、彩雲など旧日本海軍航空機の名ばかりだ。■4■6 重迫撃砲中隊の120MSP（96式自走120㎜迫撃砲）。他師団では高機動車が牽引する120㎜迫撃砲RTを装甲車体に搭載したもので、11普連にしか配備されていない。車体前面に乗員のスキーを携行している。■5 同じく重迫中隊の73式装甲車。ちょっと見えにくいが、砲弾を持つ鳥のマークが記入されている。

第7高射特科連隊
7th Air Defence Artillery Regiment

　第7高射特科連隊は連隊本部および本部管理中隊をはじめ6個の高射中隊で編成され、第1から第4までの中隊がAW（87式自走高射機関砲）を装備して東千歳に、第5と第6中隊が短SAM（81式短距離地対空誘導弾）を持って静内に駐屯している。

⓻第7師団の創隊記念行事における第7高射特科連隊第2中隊。電光を銜えた白頭ワシのマークと車体横の2本線で中隊の識別としている。⓼同じく第4中隊の車両。⓽第1中隊の蝙蝠マーク。

第7後方支援連隊
7th Logistics Regiment

　第7後方支援連隊は東千歳に本部を置き、第1・第2の2個整備大隊と補給隊、輸送隊それに衛生隊からなっている。機甲師団にふさわしく、通常ならトラック主体の部隊でありながら多くの装甲車を持つのが特徴。⓾は第2整備大隊普通科直接支援隊の73APC。

⓻⓽ Noriaki TAKIZAKI, ⓼⓾ JGSDF

第11師団
11th Division

　第11師団は真駒内に師団司令部を置き、それとともに主力ともいうべき多くの部隊が駐屯する。近い将来旅団へのコンパクト化が予定され、人員が減ることを見越して、2006年から札幌雪祭りの真駒内会場がなくなったのは記憶に新しい。現在の編成は第10・第18・第28の3個普通科連隊を基幹に、特科・後方支援の各"連隊"、高射特科・戦車・施設・通信の各"大隊"、対戦車・偵察・飛行・音楽の各"隊"でなりたっている。第18普通科連隊はWAPCで装甲化され、第11特科連隊は15HSP（75式自走155mm榴弾砲）で自走化されるなど、全般に機動力が高くなっている。

第11戦車大隊
11th Tank Battalion

　真駒内の第11戦車大隊は旧日本陸軍の戦車第11連隊が描いていた"士魂"のマークをそのまま受け継いでいる。現在は本部および本部管理中隊以下3個戦車中隊に加え、方面隊直轄の第317戦車中隊が配属され増強されているが、旅団化で3個中隊になると思われる。■駐屯地記念行事の模擬戦で油気圧式サスペンションを効かせた前傾姿勢を展示する第11戦車大隊第2中隊の74式戦車。■現在の士魂マークは低視認性の黒色仕様だ。

第11特科連隊
11th Artillery Regiment

　第11特科連隊は連隊本部中隊と情報中隊以下、5個の大隊を擁し火力が大きい。■■ともに真駒内駐屯地開庁記念行事における15HSP。■ローマ数字の11（XI）と砲弾をアレンジした連隊マーク。

方面隊直轄部隊

第1戦車群
1st Tank Group

　第72戦車連隊と同じ北恵庭に駐屯する第1戦車群は第301から第305、および第320戦車中隊の計6個中隊を擁する連隊規模の機動打撃部隊。■2両目と4両目のマークの"サソリ"が赤いのに注意。

1〜6 Noriaki TAKIZAKI, 7 JGSDF

東北方面隊
Northeastern Army

第6師団
6th Division

　東北地方の南半分を担任する第6師団は山形県東根市の神町駐屯地に司令部を置く。基幹は第20・第22・第38・第44の4個普通科連隊で、特科・後方支援の各"連隊"、高射特科・戦車・施設・通信の各"大隊"、偵察・飛行・化学防護・音楽の各"隊"で編成されている。普通科連隊は数が多く、なおかつ重迫と対戦車の各中隊を持つ重厚な編成。現時点では詳細未確認だが、平成17年度末付で普通科連隊への狙撃班の新編、機動力の向上、後方支援連隊の改編など、師団の近代化改編が行なわれた。

第6戦車大隊
6th Tank Battalion

　第6戦車大隊は宮城県の大和駐屯地に所在し、本部管理中隊以下4個の戦車中隊で編成される。平成17年度末の師団近代化の影響で何らかの変化があったはず（詳細未確認）。■2004年の大和駐屯地で撮影された第2中隊のドーザー付き74式戦車。■第6戦車大隊は日本で唯一3桁の砲塔番号を常用する。■整列した第3中隊の車両。

第6特科連隊
6th Artillery Regiment

　第6特科連隊は第6高射特科大隊とともに福島県の郡山駐屯地に所在する。編成は本管中隊、情報中隊以下4個の大隊で、作業装置（クレーン）が付いた中砲牽引車（74式特大型トラック）で牽かれる155㎜榴弾砲FH-70を装備している。■FH-70の砲脚に描かれた虎のマークは第2大隊のもの。■こちらは第3大隊のマーク。

第9師団
9th Division

　第9師団は青森県青森市に司令部をおき、東北地方の北半分を担任地域にしている。師団の基幹は第5・第21・第39の3個普通科連隊で、ほかに"連隊"は特科と後方支援のふたつ。さらに高射特科・戦車・施設・通信、の各"大隊"、対戦車・偵察・飛行・化学防護・音楽の各"隊"で編成されている。体制の見直しが進む陸自にあって、第9師団はまだ部隊の改編が実施されていないが、陸幕発表「新たな陸上自衛隊の体制」によると、近い将来に「即応近代化師団」として改編される予定になっている。

■岩手山を望む岩手駐屯地の駐車エリアにおける第9戦車大隊の74式戦車。砲身の危険防止表示が興味深い。

■~■ Noriaki TAKIZAKI

第9戦車大隊
9th Tank Battalion

　第9特科連隊ならびに第9高射特科大隊とともに岩手県の中央寄りにある岩手駐屯地に所在する第9戦車大隊は、大隊本部および本部管理中隊のもと、3個の戦車中隊で編成されている。マークは駐屯地のある滝沢村で無形民族文化財に指定されている神事「チャグチャグ馬コ」にちなんだ馬をモチーフに部隊番号を組み合わせている。その数字は、祭りで着飾った馬を思わせるカラフルな色使いである。

1 中隊長車の新しいマーク。数字にステンシルの切れ目がなく、純白の馬が美しい。**2** これまでもっともよく知られていた一般車両のマーク。**3** 馬がシャンパンゴールドで塗られたゴージャスなバージョン。**4** 馬が白い中隊長車のマーク。中隊の一般車両を塗り替えているので、もとの黒い馬がカゲの効果を出している。**5** 一般車両で数字がオレンジ色の仕様。

1～**5** Noriaki TAKIZAKI

東部方面隊
Eastern Army

Keigo HONDA (ENTANIYA) **6**

第1師団
1st Division

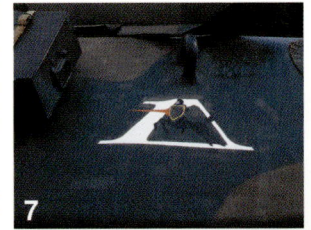

7 2005年の総合火力演習でお披露目され、一般に知られるようになった新しい大隊マーク。一体化した数字の1と富士山に、槍と盾をもち甲冑をまとったケンタウロスの組み合わせ。**8** それ以前のマーク。剣が赤いものが正式だと聞いたことがあるが、行事ではこの黄色版をよく見かけた。**9** 総火演に出場した第1中隊の74式。

第1戦車大隊
1st Tank Battalion

　陸上自衛隊でもっとも歴史の長い部隊のひとつである第1師団は、東京をはじめ7都県を担任する。司令部は練馬で、平成14年に装備をやや軽くしつつ、都市部での多様な事態に対応できる「政経中枢師団」に改編された。編成は第1・第31・第32・第34の4個普通科連隊が基幹。後方支援"連隊"、戦車・高射特科・施設・通信の各"大隊"、特科・偵察・飛行・化学防護・音楽の各"隊"が含まれる。第1戦車大隊は静岡県の駒門駐屯地に所在し、大隊本部および本管中隊以下、3個の戦車中隊をもつ。

第12旅団
12th Brigade

　第12旅団は能力機数とも一般の師団飛行隊を大きく凌ぐ第12"ヘリコプター隊"を持ち、軽歩兵ともいうべき小さな普通科連隊を基幹とするユニークな部隊で、「空中機動旅団」とも呼ばれる。普通科連隊は第2・第13・第30・第48の4個。しかし、それぞれ本管中隊に重迫小隊をもつものの、ナンバー中隊は3個しかない。特科・偵察・後方支援・音楽の各"隊"、および高射特科・対戦車・施設・通信の各中隊が隷属する。

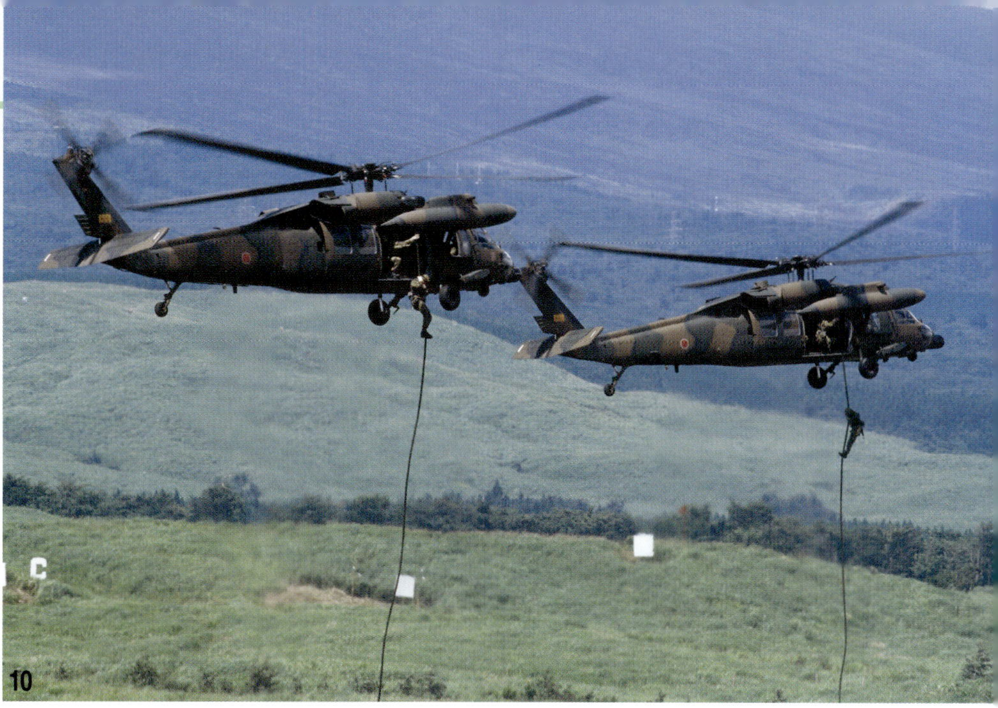

第12ヘリコプター隊
12th Helicopter Unit

　第12ヘリコプター隊は隊本部および本部付隊と第2飛行隊が群馬県の相馬原に置かれ、第1飛行隊は栃木県の北宇都宮に駐屯する。第1は多用途のUH-60JA、第2は大型の輸送用CH-47J、本部は観測用OH-6Dを装備する。

11 日本最強の猛禽「オオワシ」が護身用の日本刀をもって空中から日本を護る、とする旅団マークの部分をUH-60の尾部に掲げる。12 機首に貼られた第1飛行隊のステッカー。13 第2飛行隊は駐屯地周辺に多い天狗伝説にちなむ。

第1空挺団
1st Airborn Brigade

　第1空挺団は千葉県船橋市の習志野駐屯地に所在する。日本で唯一のパラシュート降下戦力であり、今後は緊急展開部隊として新編される「中央即応集団」に組み込まれることになっている。編成は団本部および団本部中隊以下、400名規模の普通科大隊が3個に特科大隊、後方支援隊、通信と施設の各"中隊"、それに空挺教育隊となっている。

15 16 毎年正月明けに行なわれる"初降下訓練"における軽装甲機動車。ある程度の装甲防御力と搭載力があり、CH-47で吊下輸送ができるLAVは、いったん飛び降りたらただの歩兵になる空挺部隊には最適の"足"かも。

方面隊直轄部隊 Army Troops
第4対戦車ヘリコプター隊
4th Anti-tank Helicopter Unit

14 各方面隊に1個ずつある方面航空隊には、それぞれヘリコプター隊とともに対戦車ヘリコプター隊が隷属している。よほど接近しないと分からないが、コクピット付近に小さなマーキングを施している例が少なくない。

中部方面隊
Middle Army

第3師団
3rd Division

第3師団は兵庫県伊丹市の千僧駐屯地に司令部を置く。その編成の基幹は第7・第36・第37の3個普通科連隊。特科・後方支援の各"連隊"のほか、高射特科・戦車・施設・通信、の各"大隊"、偵察・飛行・音楽の各"隊"で編成されている。第6師団と同じく、平成17年度末の近代化改編で、普通科連隊への狙撃班の新編や後方支援連隊の改編などが行なわれているはずだ（編集時期の関係で詳細未確認）。

第3戦車大隊
3rd Tank Battalion

第3戦車大隊は師団の境界をまたいだ滋賀県高島郡の今津駐屯地に第10戦車大隊と同居しており、大隊本部および本部管理中隊と3個の戦車中隊で編成されている。師団改編にあたって"戦車隊"となり、中隊数が変わるなどの変化があったと思われるのだが、詳細は未確認。

①②駐屯地記念行事における第3戦車大隊の74式戦車。③最近のマークは獅子の頭が長い。④数年前に撮影された写真ではデザインが異なる。

第3偵察隊
3rd Reconnaissance Unit

第3偵察隊は、師団司令部ほか通信や後方支援、音楽の各部隊とともに千僧に駐屯地する。隊本部および本部付隊、電子偵察小隊、3個偵察小隊で編成され、小隊は装備によって3個の斥候班に分かれている。⑤⑥ローマ数字の3に黒豹のマークを付けたRCV。

第10師団
10th Division

第10師団は名古屋市の守山駐屯地に司令部を置き、第14・第33・第35・第49の4個普通科連隊を基幹とする。さらに特科・後方支援の各"連隊"、高射特科・戦車・施設・通信の各"大隊"、偵察・飛行・化学防護・音楽の各"隊"によって編成されている。各普通科連隊には対戦車中隊が新編されて増強されたうえ、軽装甲機動車の配備が進んでいる。

第10戦車大隊
10th Tank Battalion

第10戦車大隊は今津駐屯地に所在する。編成は大隊本部および本管中隊のほか2個戦車中隊しかなかったのだが、最近の西方重視の方針を受けて2個中隊が新編され計4個中隊となった。マークはいわずと知れた名古屋のシンボルである。

①〜⑦ Noriaki TAKIZAKI

⑧2004年の富士総合火力演習を支援した第10戦車大隊の74式戦車。総火演では第1・第3・第10戦車大隊の戦車を交互に見ることができる。⑨本部管理中隊の60式APC。戦車部隊での本車も残りわずかとなってきた。⑩⑪⑫マークはそれぞれ細部が異なり、同じのはないといっていい。

第13旅団
13th Brigade

第13旅団は広島県安芸郡の海田市駐屯地に司令部を置く。基幹は第8・第17・第46・第47の各普通科連隊。特科・偵察・飛行・後方支援・音楽の各"隊"、高射特科・戦車・施設・通信、の各"中隊"で編成されている。高機動車を中心にして自動車化され、軽装甲機動車の配備も始まっている。

第13戦車中隊
13th Tank Company

第13戦車中隊は文字どおり1個中隊のみの小さな部隊だが、戦車部隊としては兵庫県より西の中国地方5県でただひとつの存在として岡山県勝田郡の日本原駐屯地に所在する。⑬⑭部隊マークは中国地方の覇者、毛利元就の遺訓とされる「三本の矢」と「日の丸」をアレンジしている。

第13特科隊
13th Artillery Unit

第13後方支援隊
13th Logistics Unit

やはり日本原に駐屯する第13特科隊は隊本部および本部管理中隊以下4個の中隊で編成されている。⑮第3中隊のマークは三本の電光と黒豹。⑯「コア化」部隊である第4中隊は即応予備自衛官のマークを使用。⑰第1中隊のマーク。

第13後方支援隊は海田市に駐屯し、本部および本部付隊のもと、武器と補給の"中隊"、輸送と衛生の"隊"で編成される。⑱戦車直接支援隊のマーク(78式ARV)

⑨⑬～⑱ Noriaki TAKIZAKI

第2混成団 (第14旅団)
2nd Combined Brigade (14th Brigade)

平成18年3月27日、香川県の善通寺駐屯地において編成完結式が行なわれ、それまでの第2混成団の任務と伝統を受け継いだ第14旅団が誕生した。混成団は、団本部および本部付隊以下、第15普通科連隊を基幹に、特科大隊・後方支援中隊・施設と音楽の"隊"が付属するのみだった。第14旅団は、旅団司令部および付隊のもと、第15と第50の2個普通科"連隊"、特科・後方支援・偵察・施設・音楽の各"隊"、高射特科・戦車・通信の各"中隊"で編成されている。やや小規模だがバランスがとれ、自己完結型の部隊に生まれ変わったのだ。

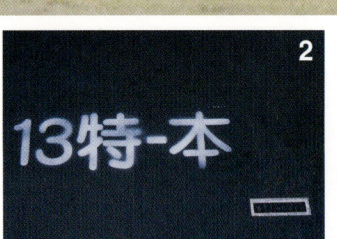

第14戦車中隊(準備隊)
14th Tank Company

第14戦車中隊は四国を担任区域とする第14旅団の諸部隊のなかでただひとつ瀬戸内海の対岸にあたる岡山県の日本原に駐屯している。第13旅団の第13戦車中隊と同じ場所だが、関東以西の戦車部隊はみな、大きな演習場に隣接した駐屯地に複数の部隊がまとめて置かれているのが現状だ。

■これは旅団化を前にした珍現象。第14戦車中隊の"準備隊"が、同じ日本原に所在する第13特科隊の本部管理中隊に置かれたため、戦車なのに特科のマークを付けていたのだ。日本原だけでなく写真の善通寺の記念行事にも展開しているので、目にした人も少なくないはず。■戦車の製造銘版は「STB-0240」。■日出生台演習場を行く第4戦車大隊第1中隊の74式戦車。逆光ぎみのためシャープなシルエットが出ており、砲塔上面の車長席と砲手席のペリスコープ部分の段差が目立つ。■第4戦車大隊第2中隊の車両。輪郭をぼかすほどではない控えめな擬装が施されている。

西部方面隊
Western Army

第4師団
4th Division

師団司令部は福岡で、第16・第19・第40・第41の各普通科連隊が基幹。特科・後方支援の各"連隊"、高射特科・戦車・通信の各"大隊"、対舟艇対戦車・偵察・飛行・化学防護・音楽の各"隊"、それに方面隊直轄部隊の対馬警備隊が隷属する。LAVが入り装備も向上、意気上がる部隊といえる。

■■ Noriaki TAKIZAKI, ■■ JGSDF

第4戦車大隊
4th Tank Battalion

第4戦車大隊は大分県玖珠郡の玖珠駐屯地（意外に地名と駐屯地名が一致するケースは少ないのかも）に所在し、大隊本部および本部管理中隊以下、4個戦車中隊で編成されている。2003年までは3個中隊編成だったが、北方から西方へ重点が移ったため、1個中隊が増強されて第4中隊が復活した。冷戦期に北方を増強するため引き抜かれた部隊を取り戻した形だ。マークは大きさや色の違いこそあれ、4種すべてが61式戦車の時代から引き継いだ伝統あるものである。

5 駐屯地記念行事の模擬戦に登場した第4戦車大隊第4中隊。マークは陸自戦車のなかで最大級だ。6 本部管理中隊のマーク。7 第1中隊のそれ。8 第2中隊のもの。9 第3中隊のロービジ仕様。カラフルなものもあった。10 第4中隊のマーク。11 本管中隊偵察小隊のバイクのもの。12 第2中隊のドーザー付き。

第4後方支援連隊
4th Logistics Regiment

師団の兵站を支える第4後方支援連隊は福岡に本部を置き、連隊本部および本部付隊・第1／第2整備大隊・補給隊・輸送隊・衛生隊で編成される。整備大隊はかつての武器大隊で、第1は全般的な整備を、第2は普通科や戦車などの部隊ごとに直接支援隊が分遣され、車両回収や整備などの支援にあたる。13 戦車直接支援隊の78ARV。

第4偵察隊
4th Reconnaissance Unit

師団の目であり耳である第4偵察隊は、やはり福岡に駐屯している。3個ある偵察小隊はさらに偵察車（ジープ）の斥候班A、バイクの斥候班B、RCVの斥候班Cに分けられ、目的に応じて組み合わせられる。14 RCVに描かれたマーク

第4化学防護隊
4th Chemical Unit

第4化学防護隊もまた福岡に駐屯している。化学防護隊は隊本部・偵察小隊（化学防護車）・除染小隊（除染車ほか）・野整備小隊で編成され、毒ガスなどの化学物質や放射性物質の検知や無害化を担当する。近年重要度が増しているが、独立した化学防護隊をもつのはすべての師団ではなく、残りは師団司令部付隊の化学防護小隊に留まる。15 複雑さでは陸自でも最強であろうマークに注目。

第4特科連隊
4th Artillery Regiment

第4特科連隊は福岡県の久留米駐屯地に所在する。編成は連隊本部および本部管理中隊、情報中隊と、それぞれ3個中隊をもつ4個大隊という大きなものだ。16 FH-70の砲脚に描かれたユーモラスなマーク。

5〜14,16 Daisuke INOUE

第8師団
8th Division

九州の南半分を担任する第8師団の司令部は熊本県の北熊本駐屯地にある。編成は第12・第24・第42・第43の4個普通科連隊を基幹に、特科・後方支援の各"連隊"、戦車・高射特科・施設・通信の各"大隊"、偵察・飛行・化学防護・音楽の各"隊"となっていて、普通科連隊は4個中隊に重迫と対戦車の中隊が付くなど重厚な陣容とされる。

❶観閲行進における本管中隊の74式。マークに横帯がない。❷西部方面隊50周年記念のスペシャルマーク。❸川内駐屯地名物の市中パレード。❹玖珠駐屯地の模擬戦の模様。❺❻❼各中隊の識別は横帯の数で行なう。

第8戦車大隊
8th Tank Battalion

第8戦車大隊は第4戦車大隊と同じ玖珠駐屯地に所在する。やはり4大隊と同じく西方シフトの恩恵を受けて1個中隊が復活し、計4個中隊の編成となった。玖珠は8個中隊が集まる日本最大規模の"74タウン"なのだ。

第8偵察隊
8th Reconnaissance Unit

第8偵察隊は熊本県の北熊本駐屯地に所在する。マークは師団の"兜の鍬形"にペガサスを合わせたもの。なぜだか第4偵察隊と同じモチーフを採用。

❶ JGSDF, ❷❸ Noriaki TAKIZAKI, ❹〜❽ Daisuke INOUE

富士教導団
Fuji School Brigade
(Training Support Troops)

富士教導団は富士学校の隷下にあって学生教育を支援するための実働部隊に位置づけられ、団本部および本部付隊以下、普通科教導連隊、戦車教導隊、特科教導隊、偵察教導隊、教育支援施設隊からなっている。兵站支援部隊を欠くため実戦部隊としての自己完結性はないが、旅団クラスの規模をもつ。全国の部隊に対応するため中隊ごとに異なる機材を装備し、しかも新型を優先配備されているのが特徴。

戦車教導隊
Tank School Unit

戦車教導隊は隊本部および本部管理中隊のもとに5個の戦車中隊で編成され、第1・第3・第4中隊が74式戦車、第2と第5中隊が90式戦車を装備している。一般には富士総合火力演習の実施部隊として知られるが、その練成訓練では多量の弾薬燃料を消費するため、部隊の練度は日本で有数といわれる。 １は2003年11月「普特機施協同訓練」における第2中隊の90式。

第1中隊
1st Company

３４最近の第1中隊マーク。２はその色違いバージョン。５地雷処理ローラー装着仕様の74式。投光器付きなのは珍しい。６74式"改"から暗視装置とレーザー検知器を外した不思議な仕様の74式。

第2中隊
2nd Company

1 2003年11月の訓練で撮影された90式。2 映画にも登場する"流星"はよく知られている。これは低視認性のタイプ。3 これが一般的なもの。

第3中隊
3rd Company

戦車教導隊第3中隊のマークは対戦車榴弾の騎士が盾と徹甲弾の槍をもつデザインで、中隊全車が違うと思わせるほどバリエーションが多い。4 創隊記念行事における第3中隊長の74式改。5 白地に金色が使われた中隊長車のマーク。6 これが一般的か。中隊の表札(看板)にあるのもこれ。7-11 派生タイプのいろいろ。

Keigo HONDA (ENTANIYA)

第4中隊
4th Company

第4中隊のマークは数年前まで砲塔後部に描かれていたが、最近は同じ図案ながらそれまでの白フチから黄フチとなって砲塔前部に移動した。それに伴ってサイズも大きくなっている。12 2004年の総火演成訓練でのスナップ。13 第4中隊のマーク。14 アンテナの前に記入された旧タイプ。15 躍動感のあるタイプを発見。

第5中隊
5th Company

第5中隊はあえてマークを持たないスタンスを取っていたが、2004年から掲げるようになった。ベテラン隊員など一部にマークを嫌う向きもあり、中隊の総意としてマークを決めるのはなかなかタイヘンらしい。16 17 2005年の総火演における第5中隊。スウェーデンの［バラキューダテクノロジー］社の擬装網を使用している。制式名は［擬装網2型c形］。18 数字の一部を120㎜砲にアレンジしたシンプルで男らしい中隊マーク。

偵察教導隊
Reconnaissance School Unit

偵察教導隊は部隊が装備するRCV（偵察警戒車）に、偵察を意味する"Reconnaissance"の頭文字"R"と馬をアレンジした、洗練されたマークを描いている。他の部隊の多くもそうだが、なぜか同じ部隊でもパジェロやバイクなどの非装甲車にはマークが描かれないのがおもしろい。

19 2005年の総火演本番で見られた白を灰、青を黒に変えた地味な仕様。20 同じく練成訓練で見られた青を黒に塗り替えただけのもの。21 よく知られている青と白の仕様。22 2004年の総火演での擬装。

16〜18 Keigo HONDA (ENTANIYA)

普通科教導連隊
Infantry School Regiment

普通科教導連隊は連隊本部および本部管理中隊をはじめ、第1から第5までのナンバー中隊に重迫撃砲中隊と対戦車中隊を擁する。普通科連隊としては第7師団第11普通科連隊に並び最大規模で、第1と第2中隊はLAVによる装甲車化、第3はHMVによる自動車化、第4がWAPCによる装甲車化、第5がFVによる装甲車化と、大幅に機械化されている。

第4中隊
4th Company

■ 2003年11月の「普特機施協同訓練」で、タイヤ部分以外を濃密に擬装したWAPC。 ■ 第4中隊のマーク。2005年の総火演では抹消され、モデルチェンジの噂。

第5中隊
5th Company

■ 35mm機関砲の長い槍、甲冑と盾の装甲、馬による機動力を表し、盾には"FV"と中隊名"5"の文字、と多くの要素を詰め込んだ凝ったデザインのマーク。■ マークの正確な平面形がこれ。■ 2003年6月の「普特機施協同訓練」において仮設敵を演じる装甲戦闘車。樹木による擬装で車両の輪郭が背景に溶け込んでいる。

特科教導隊
Artillery School Unit

特科教導隊は隊本部および本管中隊の隷下に、第303観測中隊と第1から第6までの射撃中隊を有している。第1と第2は155mm榴弾砲FH-70、第3が99式155mm自走砲、第4が203mm自走砲、第5がMLRS、第6が88式対艦ミサイルと、普通科教導連隊と同様に混成装備の部隊となっている。

■ 2005年の総火演本番当日における早朝、出番を待つ第3中隊の99式自走砲。特科教導隊では各中隊とも特にマークを制定していない。

映画『戦国自衛隊1549』"ロメオ隊"のマーキング

Markings of the "Romeo Unit" from a Movie "Samurai Command: Mission 1549"

角川映画の大作『戦国自衛隊1549』は、2005年5月の封切り前から、六本木ヒルズにホンモノの装甲車を乗り入れるなど、さまざまな仕掛けで話題を呼んだ。防衛庁から「全面協力せよ」を下命された富士教導団の各部隊は荒天と過酷なスケジュールに果敢に立ち向かった。

取材協力/角川映画
©2005「戦国自衛隊1549」製作委員会

富士教導団が演じた劇中部隊のマークの中身

映画には陸自がもつ主要装備のほとんどが登場した。しかし、2004年の秋口から冬にかけて行なわれたロケは、部隊にとっては1ヶ月近くも続いた総火演がやっと終わり、続く朝霞駐屯地での中央観閲式に向けて車両に整備と再塗装を施し、順次搬出するというタイミングに当たっていた。映画にはスケジュールの微妙な隙間を縫って、さまざまな職種の隊員と車両が協力していたのだ。

7 劇中で"ロメオ隊"の装甲救急車に扮したWAPC。8 撮影用のマークを剥がすと戦車教導隊第1中隊の本部車両だと判明。9 10 撮影の合間、特科教導隊のCCVが駐車中。11 12 ロメオ隊の"戦車"から偵教隊のRCVに戻る瞬間。驚くことに、翌年の総火演でマークの糊跡をはっきり確認できる車両があった。

高射学校
高射教導隊

Air Defence Artillery School
Air Defence Artillery School Unit

高射教導隊は高射特科（防空）部隊の教育を行なう、高射学校の教育支援部隊である。その編成は隊本部および本部管理中隊のもと、第1から第4高射中隊、第310高射中隊の計5個中隊に東部方面隊直轄の整備支援部隊である高射教育直接支援中隊が付属している。第1中隊が81式短SAM、第2が93式近SAM、第3が87AW、第4と第310が中SAM（03式中距離地対空誘導弾）という混成装備の部隊となっている。

■荷物を満載して東富士演習に展開したAW（87式自走高射機関砲）。AWは北海道以外では千葉県千葉市の下志津駐屯地（と整備教材として茨木県土浦の武器学校）にしかなく、富士で見られる機会は通年でもほとんどないという。

②レーダーのマストを伸ばした低空監視レーダー。師団レベルで連続的な対空監視を行なう機材だ。③各部に擬装を施したAWが樹木線に沿って身を潜め、監視を行なう。

④バラキューダ擬装網や付近の草木で入念に擬装を施したAW。車体や砲塔の上面には土のうまで積んで輪郭をぼかしている。⑤樹木の擬装を施しルーフに支えを出してバラキューダを張ったパジェロ。⑥AWに描かれた中隊マーク。

■〜⑥ JGSDF

航空学校 Aviation School
教育支援飛行隊 Education Support Aviation

三重県小俣町の明野駐屯地に本校が所在する航空学校は「航空科に必要な機能を習得させるための教育訓練を行なうことを」任務とし、年間約1,000名に対してパイロットおよび整備員の養成や訓練を行なっている。機能を分担する北宇都宮校（栃木県宇都宮市）と霞ヶ浦校（茨城県土浦市）があり、さらにその教育支援を担当する実働部隊として教育支援飛行隊が隷属している。静岡県御殿場市の滝ヶ原にはその分遣隊（富士飛行班）があり、富士学校での学生支援にあたっている。

7 総合火力演習の支援のため離陸する教育支援飛行隊（明野）の多用途ヘリコプターUH-60JA。2005年の総火演ではUH-60の支援が3機体制になったため展示方法の選択肢が増え、また単純に迫力が倍増していたのも記憶に新しい。8 カワサキの機体にミツビシのエンジンを積んだ純国産の観測ヘリコプターOH-1。9 10 11 紅葉した樹木に寄りそうように降下したOH-1。単純に見える陸自ヘリの迷彩が非常に効果的なのがわかる写真だ。

陸上自衛隊の組織・編成

防衛庁長官
- 陸上幕僚長
- 陸上幕僚監部

■北部方面隊

- 北部方面隊総監部および総監部付隊（札幌）
- 第2師団（旭川）
- 第5旅団（帯広）
- 第7師団（東千歳）
- 第11師団（真駒内）

（北部方面隊直轄部隊）
- 第1特科団
  - 団本部および団本部中隊（北千歳）
  - 第301観測中隊
  - 第1特科群（北千歳）
  - 第4特科群（上富良野）
  - 第1地対艦ミサイル連隊（北千歳）
  - 第1地対艦ミサイル連隊（美唄）
  - 第2地対艦ミサイル連隊（上富良野）
- 第1高射特科団
  - 団本部および団本部付隊（東千歳）
  - 第1高射特科群（東千歳）
  - 第4高射特科群（名寄）
  - 第101無人偵察機隊（静内）
- 第3施設団
  - 団本部および団本部付隊（南恵庭）
  - 第12施設群（岩見沢）
  - 第13施設群（幌別）
  - 第105施設器材隊（南恵庭）
  - 第303ダンプ車両中隊（南恵庭）
- 北部方面航空隊
  - 隊本部および本部付隊（丘珠）
  - 北部方面ヘリコプター隊（丘珠）
  - 第1対戦車ヘリコプター隊（帯広）
  - 北部方面管制気象隊（丘珠）
  - 北部方面航空野整備隊（丘珠）
- 第1戦車群（北恵庭）
- 北部方面通信群（札幌）
- 第1電子隊（東千歳）
- 北部方面情報保全隊
- 北部方面教育連隊（東千歳）
- 北部方面後方支援隊（島松）
- 北部方面指揮所訓練支援隊（東千歳）
- 冬季戦技教育隊（真駒内）
- 第301沿岸監視隊（稚内）
- 第302沿岸監視隊（標津）
- 北部方面音楽隊（札幌）
- 第301保安中隊（札幌）

- 陸上自衛隊北海道補給処（札幌）

■東北方面隊

- 東北方面総監部および東北方面総監部付隊（仙台）
- 第6師団（神町）
- 第9師団（青森）

（東北方面隊直轄部隊）
- 第2施設団
  - 団本部および本部付隊
  - 第10施設群（船岡）
  - 第11施設群（平成18年3月再編）（福島）
  - 第104施設器材隊（船岡）
  - 第312ダンプ車両中隊（船岡）
- 東北方面混成団（平成18年3月新編）
  - 第38普通科連隊
  - 第119教育大隊
- 第4地対艦ミサイル連隊（八戸）
- 第2特科群（仙台）
  - 群本部および本部管理中隊
  - 第110特科大隊（仙台）※解隊
  - 第130特科大隊（仙台）
- 第5高射特科群（八戸）
  - 第303無線誘導機隊（八戸）
- 東北方面通信群（仙台）
- 東北方面航空隊
  - 隊本部および本部付隊（霞目）
  - 東北方面ヘリコプター隊（霞目）
  - 第2対戦車ヘリコプター隊（八戸）
  - 東北方面管制気象隊（霞目）
  - 東北方面航空野整備隊（霞目）
- 東北方面後方支援隊（平成18年3月新編）
- 東北方面衛生隊（平成18年3月新編）
- 第1教育連隊（多賀城）
- 第2陸曹教育隊（仙台）
- 東北方面会計隊（仙台）
- 東北方面調査隊（仙台）
- 東北方面情報保全隊（仙台）
- 東北方面指揮所訓練支援隊（仙台）
- 東北方面音楽隊（仙台）
- 第305保安中隊（仙台）

- 陸上自衛隊東北補給処（仙台）

■東部方面隊

- 東部方面総監部および東部方面総監部付隊（朝霞）
- 第1師団（練馬）
- 第12旅団（相馬原）

（東部方面隊直轄部隊）
- 第1空挺団（習志野）
- 第6地対艦ミサイル連隊（宇都宮）
- 第2高射特科群（松戸）
- 東部方面航空隊
  - 隊本部および本部付隊（立川）
  - 東部方面ヘリコプター隊（立川）
  - 第4対戦車ヘリコプター隊（木更津）
  - 東部方面管制気象隊（立川）
  - 東部方面航空野整備隊（立川）
- 第1施設団
  - 団本部および本部付隊（古河）
  - 第4施設群（宇都宮）
  - 第5施設群（高田）
  - 第101施設器材隊（朝霞）
  - 第301ダンプ車両中隊（古河）
- 第1教育団（武山）
  - 第117教育大隊（武山）
  - 第3陸曹教育隊（板妻）
  - 第1機甲教育隊（駒門）
  - 女性自衛官教育隊（朝霞）
- 東部方面通信群（朝霞）
- 東部方面情報保全隊（朝霞）
- 東部方面後方支援隊（朝霞）
- 東部方面衛生隊（朝霞）
- 東部方面指揮所訓練支援隊
- 第101化学防護隊（大宮）
- 東部方面会計隊（朝霞）
- 東部方面警務隊（朝霞）
- 東部方面調査隊（朝霞）
- 東部方面音楽隊（朝霞）
- 第302保安中隊（市ヶ谷）

- 陸上自衛隊関東補給処（霞ヶ浦）

■中部方面隊

- 中部方面総監部および中部方面隊総監部付隊（伊丹）
- 第3師団（千僧）
- 第10師団（守山）
- 第13旅団（海田市）
- 第14旅団（善通寺）（平成18年3月新編）

（中部方面隊直轄部隊）

- 第4施設団
  - 団本部および本部付隊（大久保）
  - 第6施設群（豊川）
  - 第7施設群（大久保）
  - 第307ダンプ車両中隊（大久保）
- 第2教育団
  - 団本部（大津）
  - 第4陸曹教育隊（大久保）
  - 第109教育大隊（大津）
  - 第110教育大隊（善通寺）
- 中部方面婦人自衛官持続走訓練隊（大津）
- 第8高射特科群（青野原）
- 中部方面通信群（伊丹）
- 中部方面航空隊
  - 隊本部および本部付隊（八尾）
  - 中部方面ヘリコプター隊（八尾）
  - 第5対戦車ヘリコプター隊（明野）
  - 中部方面管制気象隊（八尾）
  - 中部方面航空野整備隊
- 中部方面後方支援隊（桂）
- 中部方面輸送隊（豊中）
- 中部方面衛生隊（伊丹）
- 中部方面会計隊（伊丹）
- 中部方面指揮所訓練支援隊（川西市）
- 中部方面情報保全隊（伊丹）
- 中部方面音楽隊（伊丹）
- 第304保安中隊（伊丹）

- 陸上自衛隊関西補給処

■西部方面隊

- 西部方面総監部および西部方面総監部付隊（健軍）
- 第4師団（福岡）
- 第8師団（北熊本）
- 第1混成団
  - 団本部および本部付隊（那覇）
  - 第1混成群（那覇）
  - 第6高射特科群（与座）
  - 第101飛行隊（那覇）

（西部方面隊直轄部隊）

- 西部方面普通科連隊（相浦）
- 第2高射特科団
  - 団本部および本部付隊（飯塚）
  - 第304無線誘導機隊（飯塚）
  - 第3高射特科群（飯塚）
  - 第7高射特科群（竹松）
- 第5施設団
  - 団本部および本部付隊（小郡）
  - 第2施設群（飯塚）
  - 第9施設群（小郡）
  - 第103施設器材隊（小郡）
  - 第305ダンプ車両中隊（小郡）
- 第3教育団（相浦）
  - 団本部
  - 第5陸曹教育隊
  - 相浦車両教育隊
- 西部方面特科隊（湯布院）
  - 隊本部および本部付隊
  - 第112特科大隊
  - 第132特科大隊
  - 第302観測中隊
  - 空中評定小隊（新編）
- 第5地対艦ミサイル連隊（健軍）
- 西部方面後方支援隊（目達原）
- 西部方面通信群（健軍）
- 西部方面航空隊
  - 隊本部および本部付隊（高遊原）
  - 西部方面ヘリコプター隊（目達原）
  - 第3対戦車ヘリコプター隊（目達原）
  - 西部方面管制気象隊（高遊原）
  - 西部方面航空野整備隊（高遊原）
- 西部方面衛生隊（健軍）
- 西部方面指揮所訓練支援隊
- 西部方面通信情報隊
- 西部方面情報処理隊
- 西部方面音楽隊（健軍）
- 西部方面会計隊（健軍）
- 西部方面情報保全隊（健軍）
- 第303保安中隊（健軍）

- 陸上自衛隊九州補給処

■防衛庁長官直轄部隊

- 第1ヘリコプター団（木更津）
  - 団本部および本部管理中隊
  - 第1ヘリコプター隊
  - 第2ヘリコプター隊
  - 第1ヘリコプター野整備隊
  - 特別輸送飛行隊
- 通信団
  - 団本部および本部付隊（市ヶ谷）
  - 中央野外通信群（久里浜）
  - 中央基地システム通信隊（市ヶ谷）
  - 通信保全監査隊（市ヶ谷）
  - 中央システム管理隊（市ヶ谷）
  - システム防護隊（市ヶ谷）
  - 第301映像写真中隊（市ヶ谷）
- 警務隊
  - 北部方面警務隊（札幌）
  - 東北方面警務隊（仙台）
  - 東部方面警務隊（朝霞）
  - 中部方面警務隊（伊丹）
  - 西部方面警務隊（健軍）
- 中央会計隊（市ヶ谷）
- 中央資料隊（市ヶ谷）
- 中央地理隊（東立川）
- 会計監査隊（市ヶ谷）
- 中央音楽隊（朝霞）
- 中央輸送業務隊（横浜）
- 中央管制気象隊（市ヶ谷）
- 中央業務支援隊（市ヶ谷）
- 情報保全隊（市ヶ谷）
- 中央調査隊（市ヶ谷）
- 補給統制本部（十条）
- 特殊作戦群（習志野）

■教育研究機関

- 幹部学校（目黒）
- 幹部候補生学校（前川原）
- 富士学校（富士）　富士教導団
- 高射学校（下志津）　高射教導隊
- 航空学校（明野）　教育支援飛行隊
- 施設学校（勝田）　施設教導隊
- 通信学校（久里浜）　通信教導隊
- 武器学校（土浦）　武器教導隊
- 需品学校（松戸）　需品教導隊
- 輸送学校（朝霞）　第311輸送中隊
- 小平学校（小平）
- 衛生学校（三宿）　衛生教導隊
- 化学学校（大宮）　化学教導隊
- 少年工科学校（武山）
- 研究本部（朝霞）
- 開発実験団（富士）
  - 装備実験隊（富士）
  - 飛行実験隊（明野）
  - 部隊医学実験隊（三宿）
- 共同機関

陸上自衛隊の装甲車両 全国配備状況マップ
Deployment of JGSDF Armored Vehicles

陸上自衛隊の多くの部隊では、装備している車両に部隊マークを描いている。そこで装甲車両を装備している部隊とその駐屯地を地図にプロットしてみた。ただし、知り得た限りの部隊とマークであり、このほかにも多くの部隊があるので注意してほしい。

地図・部隊マーク製作／株式会社サンアート

凡例
- □→方面総監部の所在する駐屯地
- ■→師団／旅団司令部の所在する駐屯地
- ●→一般の駐屯地名と所在地

西部方面隊
方面総監部／健軍（熊本県熊本市）

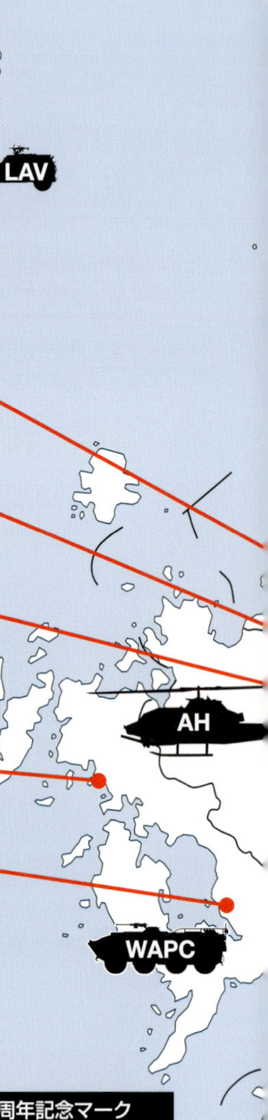

●対馬 Tsushima（長崎県対馬市）
対馬警備隊
・本部管理中隊　　　　LAV
・普通科中隊　　　　　LAV

●小郡 Ogoori（福岡県小郡市）
第5施設団（方面直轄）
・第2施設群（飯塚）および第9施設群
75ドーザ、92MBRS

●久留米 Kurume（福岡県久留米市）
第4特科連隊
※連隊本部および各中隊本部にCCV
施設団（方面隊直轄）

●目達原 Metabaru（佐賀県神埼郡）
第3対戦車ヘリコプター隊（方面隊直轄）
・第1、第2飛行隊　　AH-1S
西部方面ヘリコプター隊（方面隊直轄）
・第1飛行隊　　　　　UH-60JA

●相浦 Ainoura（長崎県佐世保市）
・西部方面普通科連隊（方面隊直轄）

●大村 Omura（長崎県大村市）
第16普通科連隊
・本部管理中隊　　　　CCV、LAV
・第1普通科中隊　　　WAPC
・第4普通科中隊　　　LAV

第8戦車大隊（玖珠）
本部管理中隊／第1中隊／第2中隊／第3中隊
（上段が現行のマーク）

第4戦車大隊（玖珠）
本部管理中隊／本部管理中隊偵察小隊／第1中隊／第2中隊／第3中隊／第4中隊
（上段が現行のマーク）

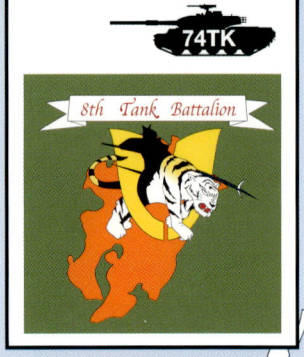

西部方面隊50周年記念マーク
8th Tank Battalion

装甲車両配置マップ

この地図は全国に配置された陸上自衛隊の諸部隊のうち、主要装備として自隊固有の装甲車両を有する部隊と、その駐屯地名ならびに所在地を表している。あわせて識別帽章や隊旗などに使われているデザインではなく、実際に車両に描き込まれている部隊マークが確認できた部隊は、そのマークをイラスト化して掲載した。

ここで扱った部隊は、自衛隊の職種でいう〈機甲科〉に分類されている「戦車」と「偵察」の二種類のほか、〈普通科〉連隊のなかでも主な装備として装甲車をもち、「装甲車化」と冠される部隊と、〈特科〉および〈高射特科〉でも装甲自走砲を装備する部隊とした。また、多種類の土木作業機械を扱う〈施設科〉のなかでも、特に相当数の装甲車（APC）、あるいは施設作業車や地雷原処理車といった装甲された車両の配備が確認できた部隊、そして対戦車ヘリコプターも装甲車の同類として含めることにした。

その単位は、戦車部隊や特科部隊の本部に配備されている装甲車や化学防護隊の化学防護車、あるいは上記の施設団車両などのように、もともと1～2両または数両程度で一部隊を成すものは別として、なるべく中隊、または完全に充足していなくとも、それに近い数の車両を配備されている中隊など、中隊単位を基本としている。

ただ、防衛庁予算から装備の年間調達数を知ることはできても、どの部隊にどの車種が何両配備されたかといった具体的な状況は公表されていない。その上、部隊改編や管理替えに伴う装備の部隊間移動も多い。この地図の作成では、実地取材に基づくデータや公刊資料、ネット上の自衛隊公式サイトや一般の「基地祭レポート」など各種のソースから判断し、装甲された車両の配備状況の概略とマークを把握できるよう努力した。

と、まあ当初は勢い込んで作業に取りかかってみたのだが、発信される情報量が地域や部隊によって極端に偏っている現実もあって、やはり配備の実態を全国レベルで、しかも基準を統一して把握するのはとても困難なことらしい。全体としてそう大きく外していないとは思うけれども、あくまで一個人のレベルで見当を付けたに留まっているのを最初にお断わりしておきたい。とくに装備のシルエットは地図上の雰囲気を演出するもので、見た目のバランスをとるための飾り程度と思ってもらって差し支えない。

第4特科連隊（久留米）
CCV
15H

第4偵察隊（福岡）
RCV
（現行）　（旧型）
4thRECON

■福岡 Fukuoka（福岡県春日市）
第4師団司令部付隊
・車両小隊　　　　　　　CCV
第19普通科連隊
・第1～第4中隊　　　　LAV
第4偵察隊
・本部付隊　　　　　　　CCV
・第1～第3偵察小隊　　　RCV
第4化学防護隊
・偵察小隊　　　　　　　CRV

第4化学防護隊（福岡）
CRV

第41普通科連隊（別府）
LAV

●小倉 Kokura（福岡県北九州市）
第40普通科連隊
・本部管理中隊　　　　　CCV
・第4普通科中隊　　　　LAV

●高遊原 Takayuubaru（熊本県上益城郡）
西部方面ヘリコプター隊（方面隊直轄）
（第1飛行隊は目達原に駐屯）
・第2、第3飛行隊　　　　CH-47

●別府 Beppu（大分県別府市）
第41普通科連隊
・本部管理中隊　　　　　CCV
・第4普通科中隊　　　　LAV

●湯布院 Yufuin（大分県大分郡）
西部方面特科隊（方面隊直轄）
第112特科大隊
※大隊および各中隊本部に　CCV
・第1中隊　　　　　　　20HSP
・第2中隊　　　　　　　20HSP
・第3中隊　　　　　　　20HSP
第132特科大隊（湯布院）
※大隊および中隊本部に　　CCV
・第1中隊　　　　　　　MLRS
・第2中隊　　　　　　　MLRS
・第3中隊　　　　　　　MLRS
西部方面特科隊後方支援隊（目達原）
第101直接支援隊（方面隊直轄）
・第1直接支援中隊　　　　78ARV

第4師団
司令部／福岡（福岡県春日市）

RCV
74TK
74TK
20HSP
MLRS

●玖珠 Kusu（大分県玖珠郡）
第4師団・第4戦車大隊
※各中隊本部に73APC
・本部管理中隊　　　　　74TK
・第1戦車中隊　　　　　74TK
・第2戦車中隊　　　　　74TK
・第3戦車中隊　　　　　74TK
・第4戦車中隊　　　　　74TK
第8師団・第8戦車大隊
※各中隊本部に60APC
・本部管理中隊　　　　　74TK
・第1戦車中隊　　　　　74TK
・第2戦車中隊　　　　　74TK
・第3戦車中隊　　　　　74TK
・第4戦車中隊　　　　　74TK
第4後方支援連隊 第2整備大隊
戦車直接支援隊　　　　　78ARV

■北熊本 Kitakumamoto（熊本県熊本市）
第8師団司令部付隊
・車両小隊　　　　　　　CCV
第42普通科連隊
・本部管理中隊　　　　　CCV
第8特科連隊
・第1～第5大隊（第1～第12中隊）
※各本管中隊および中隊本部にCCV
第8偵察隊
・本部付隊　　　　　　　CCV
・第1～第3偵察小隊　　　RCV
第8化学防護隊
・偵察小隊　　　　　　　CRV
第8後方支援連隊
・第2整備大隊　　　　　78ARV

第8師団
司令部／北熊本（熊本県熊本市）

方面総監部／健軍
CCV
LAV
CCV

●えびの Ebino（宮崎県えびの市）
第24普通科連隊
・本部管理中隊　　　　　CCV

●国分 Kokubu（鹿児島県国分市）
第12普通科連隊
・本部管理中隊　　　　　CCV
・第3普通科中隊　　　　LAV
・第4普通科中隊　　　　LAV

●都城 Miyakonojo（宮崎県都城市）
第43普通科連隊
・本部管理中隊　　　　　CCV

第1混成団
司令部／那覇（沖縄県那覇市）

西部方面ヘリコプター隊（目達原）
第1飛行隊（UH-60JA）　第2飛行隊（UH-1J）

第8偵察隊（北熊本）
RCV

■那覇 Naha（沖縄県那覇市）
第1混成群
第101飛行隊　CH-47、UH-60

37

陸上自衛隊の装甲車両全国配備状況マップ

凡例
- □ → 方面総監部の所在する駐屯地
- ■ → 師団/旅団司令部の所在する駐屯地
- ● → 一般の駐屯地名と所在地

中部方面隊
方面総監部/伊丹(兵庫県伊丹市)

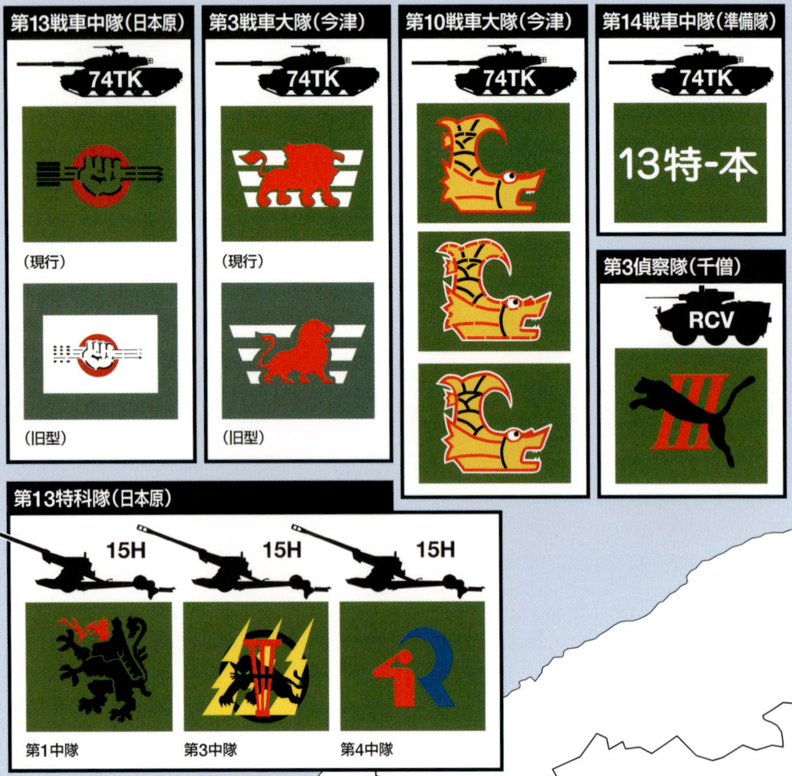

第13戦車中隊(日本原) 74TK (現行)(旧型)
第3戦車大隊(今津) 74TK (現行)(旧型)
第10戦車大隊(今津) 74TK
第14戦車中隊(準備隊) 74TK 13特-本
第3偵察隊(千僧) RCV

第13特科隊(日本原)
- 15H 第1中隊
- 15H 第3中隊
- 15H 第4中隊

■ 千僧 Senzo(兵庫県伊丹市)
第3師団司令部付隊
- ・車両小隊　　　　　CCV
- ・化学防護小隊　　　CRV

第3偵察隊
- ・本部付隊　　　　　CCV
- ・第1〜第3偵察小隊　RCV

第3後方支援連隊
- ・武器大隊　　　　　78ARV

● 米子 Yonago(鳥取県米子市)
第8普通科連隊
- ・本部管理中隊　　　CCV

● 姫路 Himeji(兵庫県姫路市)
第3特科連隊
- ・第1〜第3大隊(第1〜第6中隊)
- (第4大隊は廃止、第5大隊は平成17年度末解隊)
- ※各本管中隊と中隊本部にCCV

● 出雲 Izumo(島根県出雲市)
第13偵察隊
- ・本部付隊　　　　　CCV
- ・第1〜第3偵察小隊　RCV

● 日本原 Nihonbara(岡山県勝田郡)
第13戦車中隊
- ・本管中隊　　　60APC、74TK
- ・各戦車小隊　　74TK
- 第14戦車中隊(準備隊)　74TK

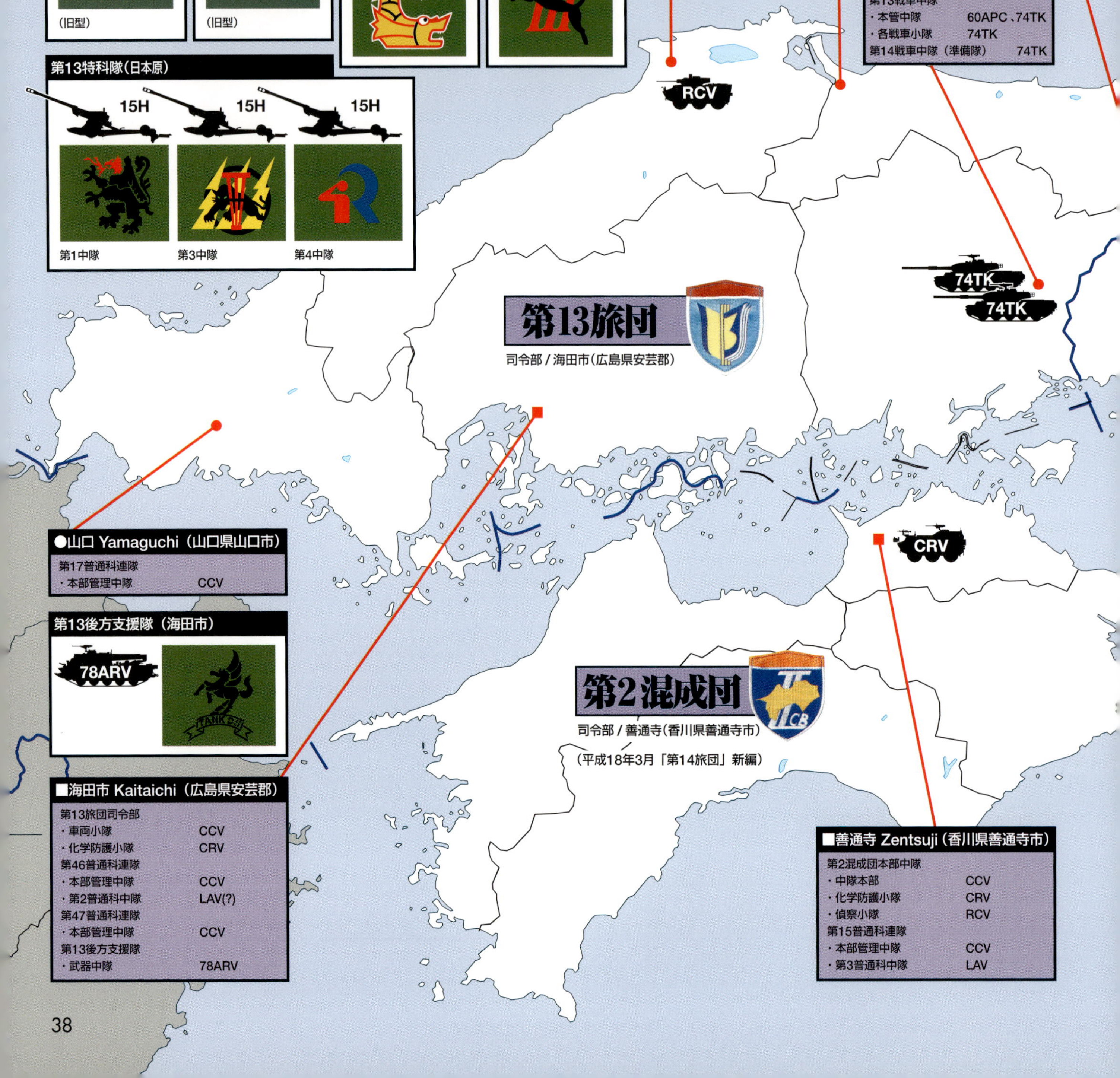

第13旅団
司令部/海田市(広島県安芸郡)

第2混成団
司令部/善通寺(香川県善通寺市)
(平成18年3月「第14旅団」新編)

● 山口 Yamaguchi(山口県山口市)
第17普通科連隊
- ・本部管理中隊　　　CCV

第13後方支援隊(海田市)
78ARV

■ 海田市 Kaitaichi(広島県安芸郡)
第13旅団司令部
- ・車両小隊　　　　　CCV
- ・化学防護小隊　　　CRV

第46普通科連隊
- ・本部管理中隊　　　CCV
- ・第2普通科中隊　　LAV(?)

第47普通科連隊
- ・本部管理中隊　　　CCV

第13後方支援隊
- ・武器中隊　　　　　78ARV

■ 善通寺 Zentsuji(香川県善通寺市)
第2混成団本部中隊
- ・中隊本部　　　　　CCV
- ・化学防護小隊　　　CRV
- ・偵察小隊　　　　　RCV

第15普通科連隊
- ・本部管理中隊　　　CCV
- ・第3普通科中隊　　LAV

●大久保 Okubo
（京都府宇治市）

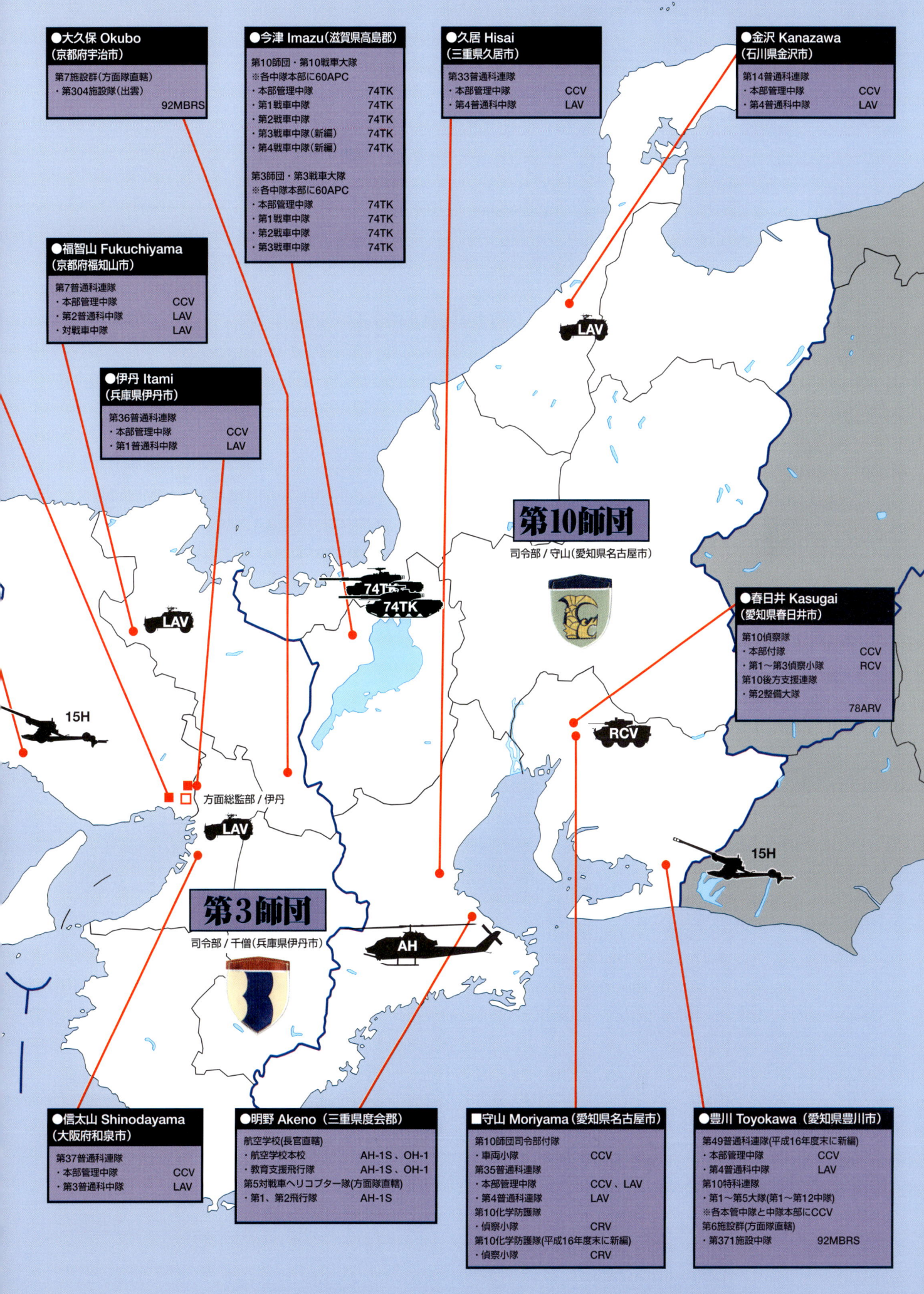

第7施設群（方面隊直轄）
・第304施設隊（出雲）
　　　　　　　　　　92MBRS

●今津 Imazu（滋賀県高島郡）

第10師団・第10戦車大隊
※各中隊本部に60APC
・本部管理中隊　　74TK
・第1戦車中隊　　74TK
・第2戦車中隊　　74TK
・第3戦車中隊（新編）74TK
・第4戦車中隊（新編）74TK

第3師団・第3戦車大隊
※各中隊本部に60APC
・本部管理中隊　　74TK
・第1戦車中隊　　74TK
・第2戦車中隊　　74TK
・第3戦車中隊　　74TK

●久居 Hisai
（三重県久居市）

第33普通科連隊
・本部管理中隊　　CCV
・第4普通科中隊　LAV

●金沢 Kanazawa
（石川県金沢市）

第14普通科連隊
・本部管理中隊　　CCV
・第4普通科中隊　LAV

●福智山 Fukuchiyama
（京都府福知山市）

第7普通科連隊
・本部管理中隊　　CCV
・第2普通科中隊　LAV
・対戦車中隊　　　LAV

●伊丹 Itami
（兵庫県伊丹市）

第36普通科連隊
・本部管理中隊　　CCV
・第1普通科中隊　LAV

第10師団
司令部 / 守山（愛知県名古屋市）

●春日井 Kasugai
（愛知県春日井市）

第10偵察隊
・本部付隊　　　　CCV
・第1～第3偵察小隊　RCV
第10後方支援連隊
・第2整備大隊
　　　　　　　　　78ARV

方面総監部 / 伊丹

第3師団
司令部 / 千僧（兵庫県伊丹市）

●信太山 Shinodayama
（大阪府和泉市）

第37普通科連隊
・本部管理中隊　　CCV
・第3普通科中隊　LAV

●明野 Akeno（三重県度会郡）

航空学校（長官直轄）
・航空学校本校　　AH-1S、OH-1
・教育支援飛行隊　AH-1S、OH-1
第5対戦車ヘリコプター隊（方面隊直轄）
・第1、第2飛行隊　AH-1S

■守山 Moriyama（愛知県名古屋市）

第10師団司令部付隊
・車両小隊　　　　CCV
第35普通科連隊
・本部管理中隊　　CCV、LAV
・第4普通科連隊　LAV
第10化学防護隊
・偵察小隊　　　　CRV
第10化学防護隊（平成16年度末に新編）
・偵察小隊　　　　CRV

●豊川 Toyokawa（愛知県豊川市）

第49普通科連隊（平成16年度末に新編）
・本部管理中隊　　CCV
・第4普通科中隊　LAV
第10特科連隊
・第1～第5大隊（第1～第12中隊）
※各本管中隊と中隊本部にCCV
第6施設群（方面隊直轄）
・第371施設中隊　92MBRS

陸上自衛隊の装甲車両 全国配備状況マップ

凡例
- □→方面総監部の所在する駐屯地
- ■→師団/旅団司令部の所在する駐屯地
- ●→一般の駐屯地名と所在地

東部方面隊

方面総監部／朝霞（東京都練馬区）

偵察教導隊（富士）

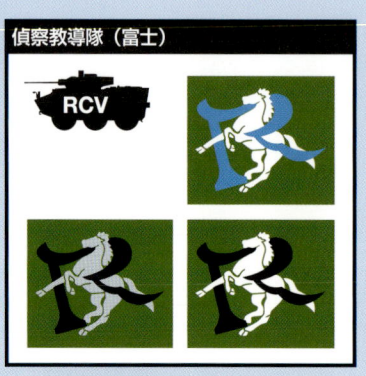

普通科教導連隊（滝ヶ原）
第4中隊　　第5中隊 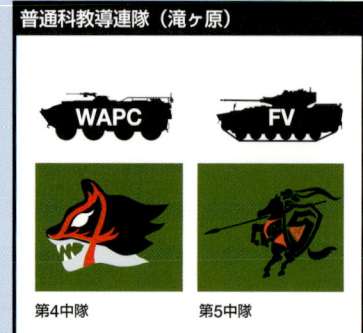

戦車教導隊（富士）
本管管理中隊および偵察小隊　第1中隊　第2中隊　第3中隊　　　　　　　　第4中隊　第5中隊

第1戦車大隊（駒門）
（新型）　（旧型）

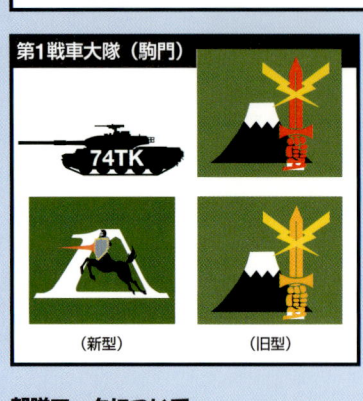

第12ヘリコプター隊（相馬原）
（共通）　第1飛行隊　第2飛行隊

高射教導隊（下志津）

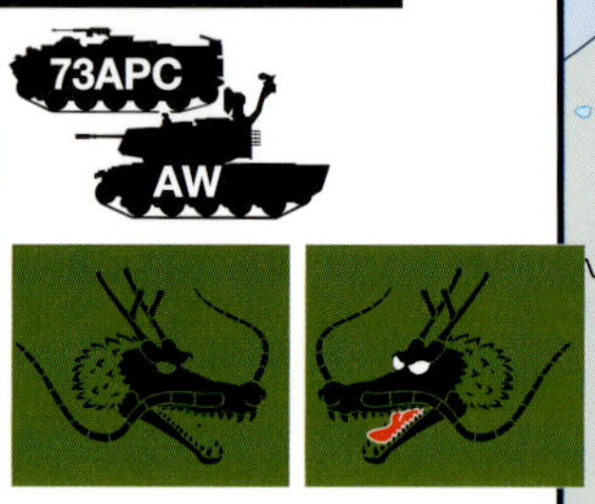

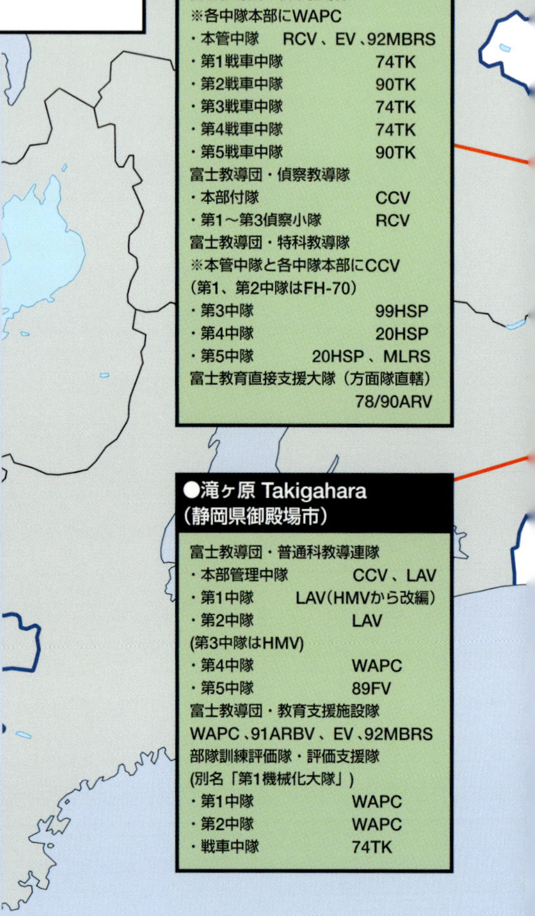

●富士 Fuji
（静岡県駿東郡）

富士学校・富士教導団（長官直轄）
・富士教導団本部付隊
　　　　　　　　　CCV、MPMS
富士教導団・戦車教導隊
※各中隊本部にWAPC
・本管中隊　　RCV、EV、92MBRS
・第1戦車中隊　　　　　　74TK
・第2戦車中隊　　　　　　90TK
・第3戦車中隊　　　　　　74TK
・第4戦車中隊　　　　　　74TK
・第5戦車中隊　　　　　　90TK
富士教導団・偵察教導隊
・本部付隊　　　　　　　CCV
・第1～第3偵察小隊　　　RCV
富士教導団・特科教導隊
※本管中隊と各中隊本部にCCV
（第1、第2中隊はFH-70）
・第3中隊　　　　　　　99HSP
・第4中隊　　　　　　　20HSP
・第5中隊　　　　20HSP、MLRS
富士教育直接支援大隊（方面隊直轄）
　　　　　　　　　78/90ARV

●滝ヶ原 Takigahara
（静岡県御殿場市）

富士教導団・普通科教導連隊
・本部管理中隊　　　CCV、LAV
・第1中隊　　LAV（HMVから改編）
・第2中隊　　　　　　　LAV
（第3中隊はHMV）
・第4中隊　　　　　　　WAPC
・第5中隊　　　　　　　89FV
富士教導団・教育支援施設隊
　　　WAPC、91ARBV、EV、92MBRS
部隊訓練評価隊・評価支援隊
（別名「第1機械化大隊」）
・第1中隊　　　　　　　WAPC
・第2中隊　　　　　　　WAPC
・戦車中隊　　　　　　　74TK

部隊マークについて

車両のマークは、家紋や企業のロゴマーク、戦国武将の旗印などと同様にある部隊の象徴として機能し、他部隊の同種車両と明確に識別されるのを大きな目的としている。しかし、たかがマークとはいえ、これを表示することで隊員の帰属意識が高まって結束が固まるなど、すぐれたデザインや歴史的伝統をもつマークにはさまざまなチカラが備わっている。

現場隊員、とくにベテランのなかにはマークが軽薄と写るのか、これを描くのに違和感を感じる硬派（？）の向きもあるようだが、「部隊マークが採用されてから部隊の志気が高揚した」というのはそれ以上に耳にする。やはり多くの隊員にとって、かっこいい看板を背負ったほうが無印より"盛り上がる"のは事実のようなのだ。

その掲示方法は厚紙や透明シートでステンシルというか文字通りの型紙を作って車体に直接スプレーペイントを吹き付けるのが一般的。薄いゴム製のマグネットシートに塗装するかカッティングシートを切り貼りするかして作ったマークをぺたりと貼りつけたり、本格的な糊付きステッカーを作っている部隊もある。

戦車の場合、表示場所はほぼ例外なく砲塔の側面前部となっている。74式戦車はそこにしか適当な空きスペースがないという事情があるが、防盾でも砲塔前後でも平面だらけの90式まで同じよ うな位置なのは、やはりパレードの際に観閲官や観客から見ていちばん目立つ場所を考えるとその周辺に落ち着いてしまうのだろうか。装甲車だとむしろ車体後部に描いている例のほうが目立つほどなのに、ちょっと不思議ではある。

このコーナーでは写真をもとにして歪みを極力修正しイラストに起こしたものをレイアウトした。リスト部分の部隊に関しては、当初は装甲車両だけに割り切って牽引砲やトラックは省いていたのだが、地図が白くて寂しいところにFH-70を追加するなどしたため、途中で基準が変わってしまった。

一応の基準は、リストのほうに装甲車を装備している（またはいそうな）部隊と所在地、マークのほうはデザインと所属の両方が確認できたものである。マークの写真があっても所属中隊が確認できず掲載を見送ったものがあり、第12旅団の普通科連隊のように空中機動旅団であるがゆえに装甲車をもたず、部隊そのものがリストから外れているなどの例が多数ある。方面隊直轄部隊に関しても情報が少なく"謎の部隊"が少なくない。間違ってもこれは陸自の編成表ではないので、誤解しないようにお願いします。

マークの根拠は？

さて、これらは制服（ネクタイを付けて着るほうの服＝自衛隊用語で"常装"）の肩に付いてい

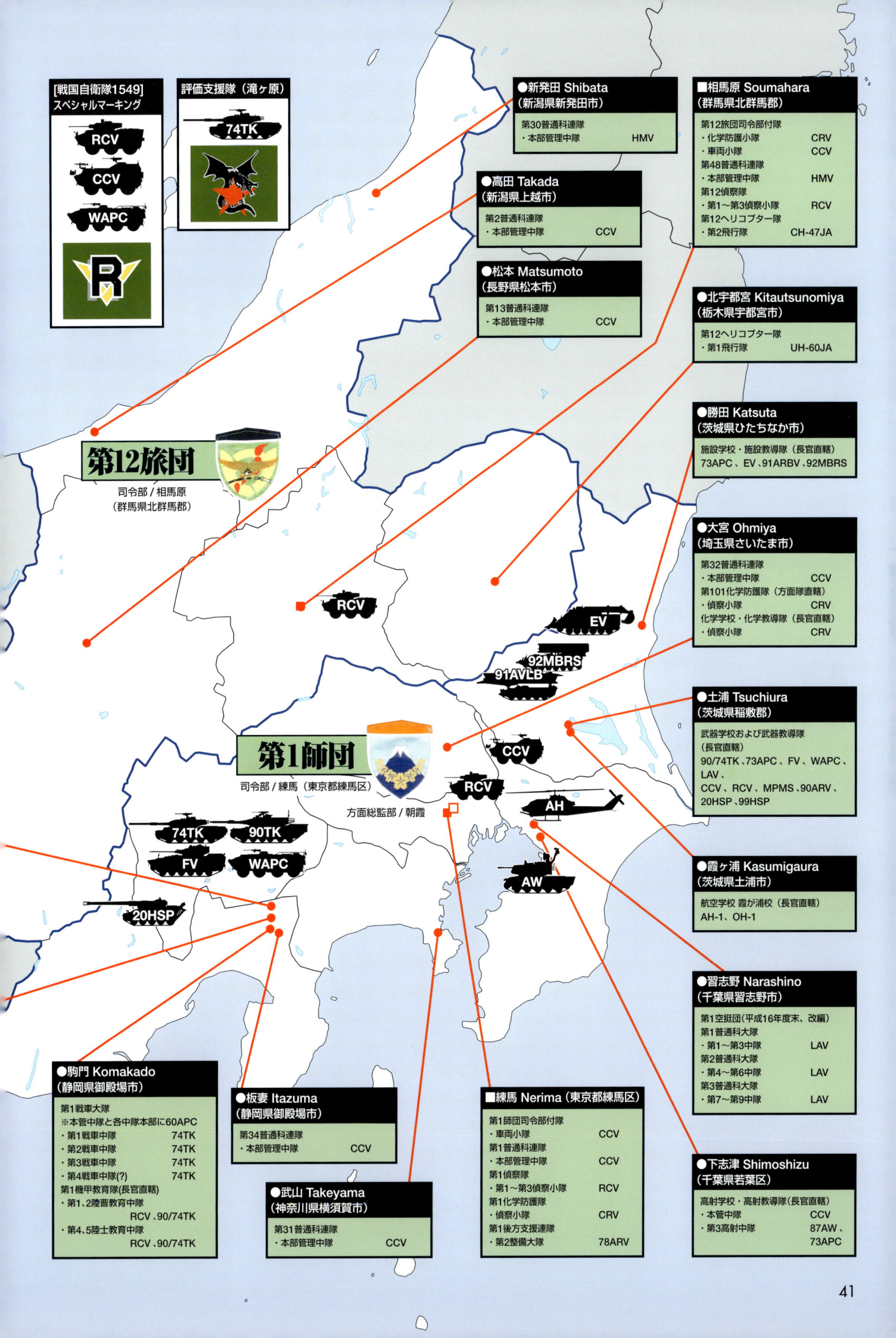

[戦国自衛隊1549] スペシャルマーキング

- RCV
- CCV
- WAPC

評価支援隊（滝ヶ原）
- 74TK

●新発田 Shibata
（新潟県新発田市）

第30普通科連隊
・本部管理中隊　　HMV

●高田 Takada
（新潟県上越市）

第2普通科連隊
・本部管理中隊　　CCV

●松本 Matsumoto
（長野県松本市）

第13普通科連隊
・本部管理中隊　　CCV

■相馬原 Soumahara
（群馬県北群馬郡）

第12旅団司令部付隊
・化学防護小隊　　CRV
・車両小隊　　　　CCV
第48普通科連隊
・本部管理中隊　　HMV
第12偵察隊
・第1〜第3偵察小隊　RCV
第12ヘリコプター隊
・第2飛行隊　　　CH-47JA

●北宇都宮 Kitautsunomiya
（栃木県宇都宮市）

第12ヘリコプター隊
・第1飛行隊　　　UH-60JA

●勝田 Katsuta
（茨城県ひたちなか市）

施設学校・施設教導隊（長官直轄）
73APC、EV、91ARBV、92MBRS

●大宮 Ohmiya
（埼玉県さいたま市）

第32普通科連隊
・本部管理中隊　　CCV
第101化学防護隊（方面隊直轄）
・偵察小隊　　　　CRV
化学学校・化学教導隊（長官直轄）
・偵察小隊　　　　CRV

●土浦 Tsuchiura
（茨城県稲敷郡）

武器学校および武器教導隊
（長官直轄）
90/74TK、73APC、FV、WAPC、
LAV、
CCV、RCV、MPMS、90ARV、
20HSP、99HSP

●霞ヶ浦 Kasumigaura
（茨城県土浦市）

航空学校 霞が浦校（長官直轄）
AH-1、OH-1

第12旅団
司令部／相馬原
（群馬県北群馬郡）

第1師団
司令部／練馬（東京都練馬区）
方面総監部／朝霞

●習志野 Narashino
（千葉県習志野市）

第1空挺団（平成16年度末、改編）
第1普通科大隊
・第1〜第3中隊　　LAV
第2普通科大隊
・第4〜第6中隊　　LAV
第3普通科大隊
・第7〜第9中隊　　LAV

●駒門 Komakado
（静岡県御殿場市）

第1戦車大隊
※本管中隊と各中隊本部に60APC
・第1戦車中隊　　74TK
・第2戦車中隊　　74TK
・第3戦車中隊　　74TK
・第4戦車中隊(?)　74TK
第1機甲教育隊（長官直轄）
・第1、2陸曹教育中隊
　　　　　　RCV、90/74TK
・第4、5陸士教育中隊
　　　　　　RCV、90/74TK

●板妻 Itazuma
（静岡県御殿場市）

第34普通科連隊
・本部管理中隊　　CCV

●武山 Takeyama
（神奈川県横須賀市）

第31普通科連隊
・本部管理中隊　　CCV

■練馬 Nerima（東京都練馬区）

第1師団司令部付隊
・車両小隊　　　　CCV
第1普通科連隊
・本部管理中隊　　CCV
第1偵察隊
・第1〜第3偵察小隊　RCV
第1化学防護隊
・偵察小隊　　　　CRV
第1後方支援連隊
・第2整備大隊　　78ARV

●下志津 Shimoshizu
（千葉県若葉区）

高射学校・高射教導隊（長官直轄）
・本管中隊　　　　CCV
・第3高射中隊　　87AW、
　　　　　　　　　73APC

陸上自衛隊の装甲車両 全国配備状況マップ

凡例
- □→方面総監部の所在する駐屯地
- ■→師団／旅団司令部の所在する駐屯地
- ●→一般の駐屯地名と所在地

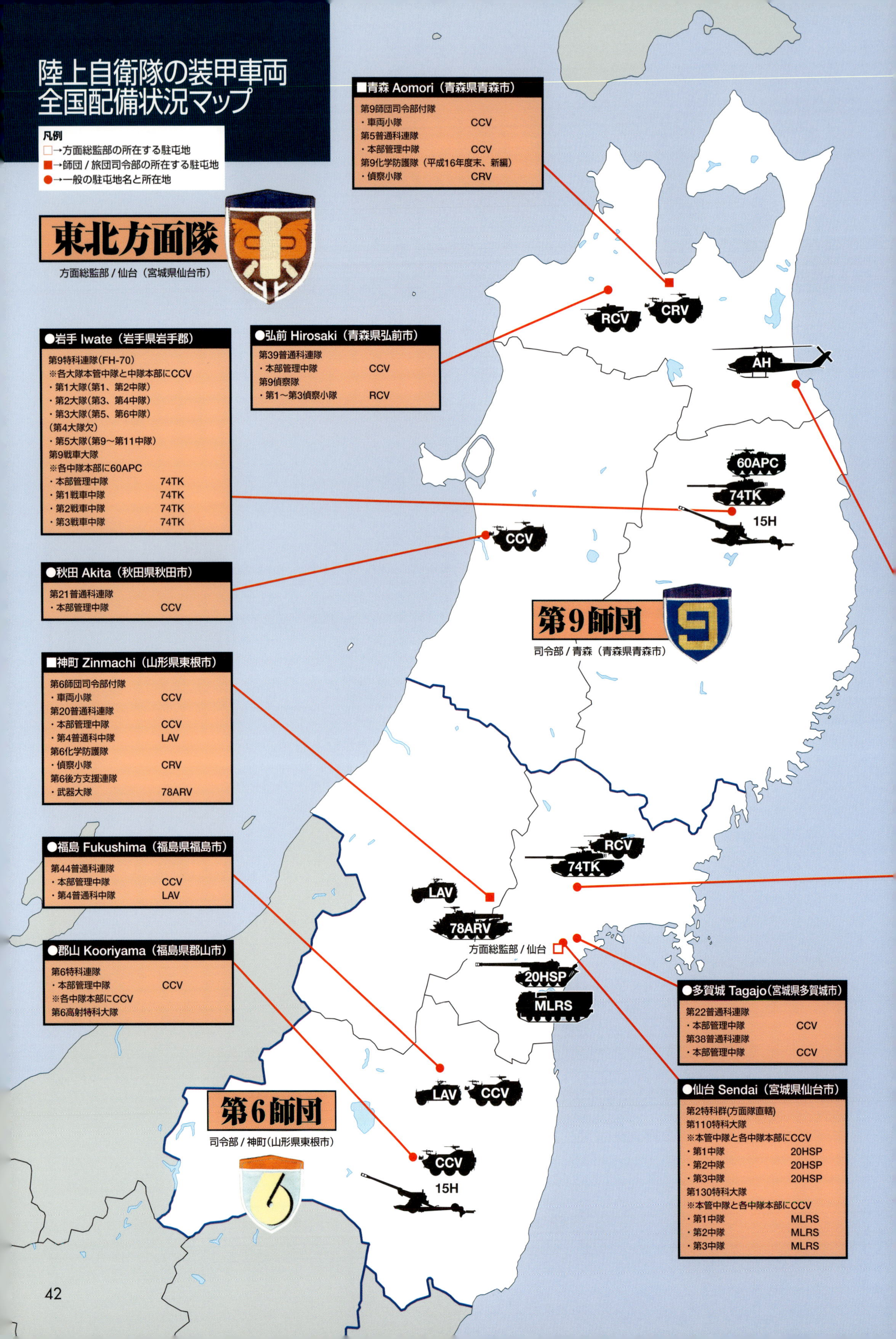

東北方面隊
方面総監部／仙台（宮城県仙台市）

●岩手 Iwate（岩手県岩手郡）
第9特科連隊（FH-70）
※各大隊本管中隊と中隊本部にCCV
- 第1大隊（第1、第2中隊）
- 第2大隊（第3、第4中隊）
- 第3大隊（第5、第6中隊）
- （第4大隊欠）
- 第5大隊（第9～第11中隊）

第9戦車大隊
※各中隊本部に60APC
- 本部管理中隊　　　74TK
- 第1戦車中隊　　　74TK
- 第2戦車中隊　　　74TK
- 第3戦車中隊　　　74TK

●秋田 Akita（秋田県秋田市）
第21普通科連隊
- 本部管理中隊　　　CCV

■神町 Zinmachi（山形県東根市）
第6師団司令部付隊
- 車両小隊　　　　　CCV

第20普通科連隊
- 本部管理中隊　　　CCV
- 第4普通科中隊　　　LAV

第6化学防護隊
- 偵察小隊　　　　　CRV

第6後方支援連隊
- 武器大隊　　　　　78ARV

●福島 Fukushima（福島県福島市）
第44普通科連隊
- 本部管理中隊　　　CCV
- 第4普通科中隊　　　LAV

●郡山 Kooriyama（福島県郡山市）
第6特科連隊
- 本部管理中隊　　　CCV
※各中隊本部にCCV
第6高射特科大隊

■青森 Aomori（青森県青森市）
第9師団司令部付隊
- 車両小隊　　　　　CCV

第5普通科連隊
- 本部管理中隊　　　CCV

第9化学防護隊（平成16年度末、新編）
- 偵察小隊　　　　　CRV

●弘前 Hirosaki（青森県弘前市）
第39普通科連隊
- 本部管理中隊　　　CCV

第9偵察隊
- 第1～第3偵察小隊　RCV

第9師団
司令部／青森（青森県青森市）

第6師団
司令部／神町（山形県東根市）

●多賀城 Tagajo（宮城県多賀城市）
第22普通科連隊
- 本部管理中隊　　　CCV

第38普通科連隊
- 本部管理中隊　　　CCV

●仙台 Sendai（宮城県仙台市）
第2特科群（方面隊直轄）
第110特科大隊
※本管中隊と各中隊本部にCCV
- 第1中隊　　　　　20HSP
- 第2中隊　　　　　20HSP
- 第3中隊　　　　　20HSP

第130特科大隊
※本管中隊と各中隊本部にCCV
- 第1中隊　　　　　MLRS
- 第2中隊　　　　　MLRS
- 第3中隊　　　　　MLRS

る師団章のように、陸自として定めている〈師団等標識〉の規定の範囲には入らないため、マーク統一の規準などはまったくないのだそうだ。

実は最初にこの企画を始めたときに、まず陸自全体のPRの窓口である陸上幕僚監部広報室に問い合わせてみたのだが、この件に関しては全く陸幕は掌握しておらず、マークに関する資料も皆無だという。部隊の士気高揚になるいい企画だと褒めてもらったのはいいけれど、全体像を知るには個々に当たって調べていくしかないらしい。

続いて方面隊総監部に当たり、師団の広報班へと連絡してみた。かなり驚いたことには、師団レベルでさえも隷下部隊のマークをほとんど把握していないという。こうなるとなんのことはない、部隊章というよりは限りなくパーソナルマークに近いんじゃないか！ である。

部隊マークを少し乱暴に表現してしまえば、「許容範囲として黙認されている落書き」といった程度の扱いなのだとか。聞いた話から雰囲気を推察してみると、上層部にすれば「見苦しいものじゃ困るけど装備を傷つけているわけじゃなし、マークを描くくらいで目くじら立てなくてもいいんじゃない。まあそれでみんなのやる気が出て、いい仕事してくれるんならさ」というところだろうか。

マークのデザイン

さて、部隊マークと書いてはいるが、マークを統一する範囲は一般的には中隊ごとによる統一が多いものの、なかには大隊あるいは連隊全車による統一も例外的とは言えない。またデザインや統一基準の変更も比較的頻繁で、中隊ごとに異なるマークだった第72戦車連隊が全車で同じものを描き入れるようになり、逆に連隊マークしかなかった第2戦車連隊が中隊ごとのマークを新採用したりと、なるほど「マークは生き物」といわれるだけのけっこう激しい変化がある。

マークのデザインは、陸自車両の従来からの特徴であるバラエティの豊かさはそのまま、ただし節操がないほどの大胆さはなりを潜めて、近年はどんどん洗練の度を増している。モチーフのほうは力強さや俊敏さ、獰猛さを象徴する（想像上のものを含めた）動物や猛禽類、所在地の象徴や地形、それらを数字や電光の組み合わせなどに集約される。その点ではちょっと類型的であり、別発想のアプローチがあってもいいとも思う。ただ、戦闘部隊としての性格から、ある程度似てくるのは仕方がないのかもしれない。

マークを決める経緯も、隊長の主導に隊員が乗る場合があれば、逆に隊員の総意として提案されたものを隊長が認めることもあり、そうかと思えば隊内の意見の統一が取れず決まらなかったり

● 八戸 Hachinohe（青森県八戸市）
第9後方支援連隊（主力は青森）
・武器大隊　　　　78ARV
第2対戦車ヘリコプター隊（方面隊直轄）
・第1飛行隊　　　AH-1S
・第2飛行隊　　　AH-1S

● 大和 Taiwa（宮城県黒川郡）
第6戦車大隊
（平成17年度末『第6戦車隊』へ改編）
※各中隊本部に73APC
・本部管理中隊　　74TK
・第1戦車中隊　　74TK
・第2戦車中隊　　74TK
・第3戦車中隊　　74TK
・第4戦車中隊　　74TK
第6偵察隊
・本部管理中隊　　CCV
・第1～第3偵察小隊　RCV

1 第9戦車大隊本部管理中隊の60式APC。60式の現役車両も残り少なくなってきた。車体後部に発煙弾発射器を追加装備している。**2** 乗員が持つM3グリスガンもいまや貴重品と言えるかも。**3** 岩手駐屯の記念行事のパレードにおける第9戦車大隊。各中隊長車の白いマークがよく目立つ。（写真／滝沢紀明）

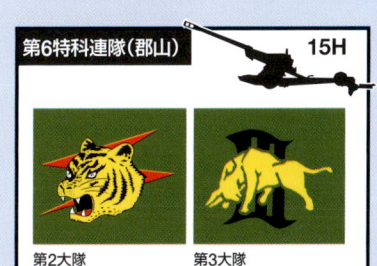

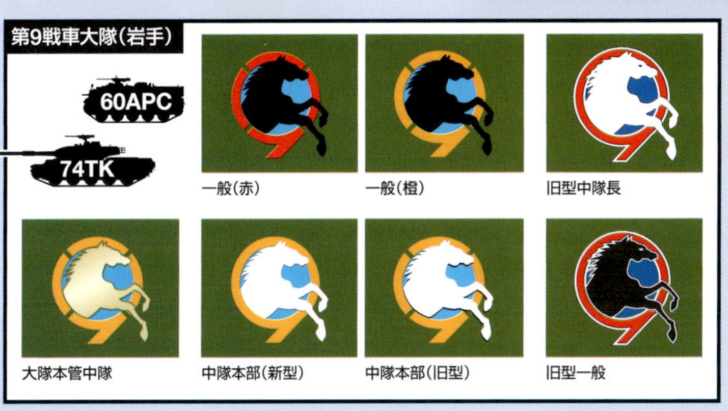

第9戦車大隊（岩手）
60APC / 74TK
一般（赤）／一般（橙）／旧型中隊長
大隊本管中隊／中隊本部（新型）／中隊本部（旧型）／旧型一般

第6特科連隊（郡山）　15H
第2大隊／第3大隊

第6戦車大隊（大和）　74TK
111

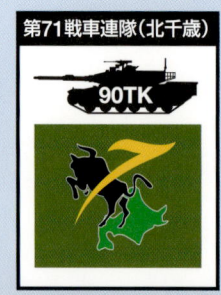

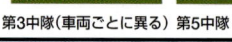

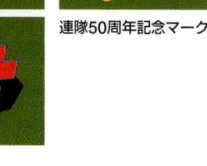

陸上自衛隊の装甲車両 全国配備状況マップ

凡例
- □ → 方面総監部の所在する駐屯地
- ■ → 師団／旅団司令部の所在する駐屯地
- ● → 一般の駐屯地名と所在地

と、なかなか人間的なものがあるらしい。

デザインについて耳に入った範囲では、航空自衛隊機の記念塗装のように著名なイラストレーターなど特定の個人の作った作品が採用されるというのは陸自では希で、隊内でモチーフのアイディアを出し合い、それをもとにデザインが得意な隊員がいくつかの候補を製作して提示し、その中から選び出す、といった流れが多いようだ。

ただ、同じモチーフでも絵描きのセンスで図柄は大きく変わるものなので、ときにはある部隊のマークをまとめた後で転任になり、移った先でもその腕を買われてまたマークを作るといった"マークの巨匠"、あるいは"流れのマーク職人"と呼ばれるような隊員もいるということだ。

陸自戦車のマークに関する資料として、昭和56年サンデーアート社（現アルゴノート社）刊の『陸上自衛隊の車両と兵器』を見ると、当時描かれていたマークと基本的に同じデザインのまま現在でも使い続けているのは、第7師団の第71戦車連隊と第7偵察隊をはじめ、第8、第9、第10、第11師団の各戦車大隊、第4戦車大隊の第1、第2、第4中隊、戦車教導隊の第2、第4中隊などがあり、第8と第10戦車大隊のマークの歴史はそれぞれ米軍供与のM4とM24の時代に遡る。とりわけ第11戦車大隊の「士魂」は旧日本陸軍の戦車第11連隊からの伝統を受け継いでいる。

一方、それまでは砲塔に日の丸や車体番号を描き込むくらいだったのが、同書刊行の少し前にようやくマークを採用したのが第2、第4、第5、第9の各戦車大隊だとある。その頃の車両の塗装はオリーブドラブの単色だけしかなかったから、カラフルなマーキングが施される前の戦車はさぞかし地味で単調だったのだろう。

所属標識の読み方

自衛隊の車両にはＮＡＴＯ諸国や大戦ドイツ軍のような所属部隊の兵科（自衛隊の用語では職種）を示す戦術記号はないのかと話題になることがある。ところが言うまでもなく日本には漢字という便利なものがあるから、わざわざ戦車や火砲を表す記号を作らなくても、所属を示す漢字での省略表記が戦術記号を兼ねてしまう。だから、数字と漢字のシンプルな組み合わせだけで事足りてしま

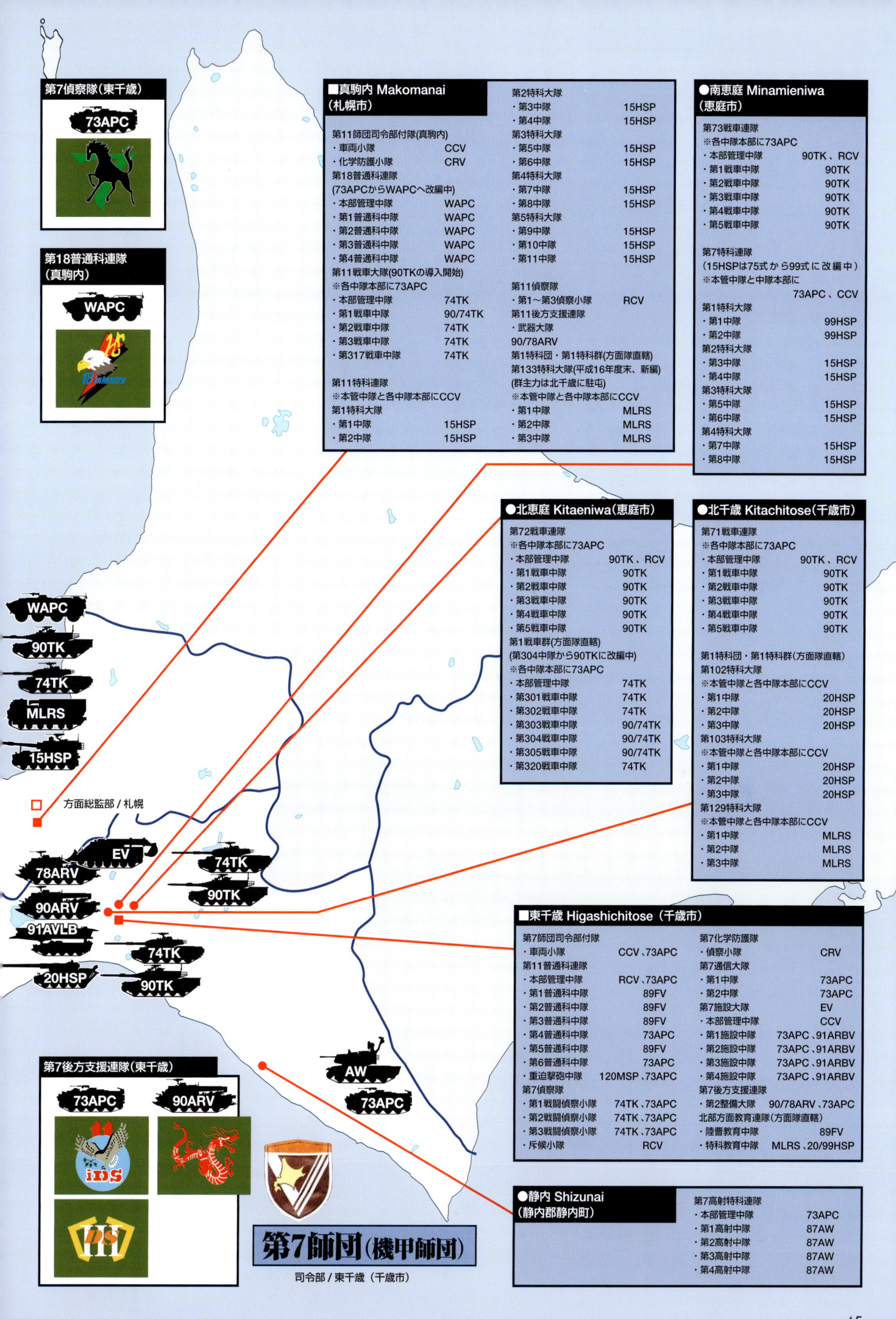

第7偵察隊（東千歳）

73APC

第18普通科連隊（真駒内）

WAPC

■真駒内 Makomanai（札幌市）

第11師団司令部付隊(真駒内)
- 車両小隊　　　　　　　CCV
- 化学防護小隊　　　　　CRV

第18普通科連隊
(73APCからWAPCへ改編中)
- 本部管理中隊　　　　　WAPC
- 第1普通科中隊　　　　WAPC
- 第2普通科中隊　　　　WAPC
- 第3普通科中隊　　　　WAPC
- 第4普通科中隊　　　　WAPC

第11戦車大隊(90TKの導入開始)
※各中隊本部に73APC
- 本部管理中隊　　　　　74TK
- 第1戦車中隊　　　　　90/74TK
- 第2戦車中隊　　　　　74TK
- 第3戦車中隊　　　　　74TK
- 第317戦車中隊　　　　74TK

第11特科連隊
※本管中隊と各中隊本部にCCV
- 第1特科大隊
  - 第1中隊　　　　　　15HSP
  - 第2中隊　　　　　　15HSP
- 第2特科大隊
  - 第3中隊　　　　　　15HSP
  - 第4中隊　　　　　　15HSP
- 第3特科大隊
  - 第5中隊　　　　　　15HSP
  - 第6中隊　　　　　　15HSP
- 第4特科大隊
  - 第7中隊　　　　　　15HSP
  - 第8中隊　　　　　　15HSP
- 第5特科大隊
  - 第9中隊　　　　　　15HSP
  - 第10中隊　　　　　 15HSP
  - 第11中隊　　　　　 15HSP

第11偵察隊
- 第1～第3偵察小隊　　　RCV

第11後方支援連隊
- 武器大隊
  - 90/78ARV

第1特科団・第1特科群（方面隊直轄）
第133特科大隊（平成16年度末、新編）
(群主力は北千歳に駐屯)
※本管中隊と各中隊本部にCCV
- 第1中隊　　　　　　　MLRS
- 第2中隊　　　　　　　MLRS
- 第3中隊　　　　　　　MLRS

●南恵庭 Minamieniwa（恵庭市）

第73戦車連隊
※各中隊本部に73APC
- 本部管理中隊　　　　　90TK、RCV
- 第1戦車中隊　　　　　90TK
- 第2戦車中隊　　　　　90TK
- 第3戦車中隊　　　　　90TK
- 第4戦車中隊　　　　　90TK
- 第5戦車中隊　　　　　90TK

第7特科連隊
(15HSPは75式から99式に改編中)
※本管中隊と本部本部に　73APC、CCV
- 第1特科大隊
  - 第1中隊　　　　　　99HSP
  - 第2中隊　　　　　　99HSP
- 第2特科大隊
  - 第3中隊　　　　　　15HSP
  - 第4中隊　　　　　　15HSP
- 第3特科大隊
  - 第5中隊　　　　　　15HSP
  - 第6中隊　　　　　　15HSP
- 第4特科大隊
  - 第7中隊　　　　　　15HSP
  - 第8中隊　　　　　　15HSP

●北恵庭 Kitaeniwa（恵庭市）

第72戦車連隊
※各中隊本部に73APC
- 本部管理中隊　　　　　90TK、RCV
- 第1戦車中隊　　　　　90TK
- 第2戦車中隊　　　　　90TK
- 第3戦車中隊　　　　　90TK
- 第4戦車中隊　　　　　90TK
- 第5戦車中隊　　　　　90TK

第1戦車群（方面隊直轄）
(第304中隊から90TKに改編中)
※各中隊本部に73APC
- 本部管理中隊　　　　　74TK
- 第301戦車中隊　　　　74TK
- 第302戦車中隊　　　　74TK
- 第303戦車中隊　　　　90/74TK
- 第304戦車中隊　　　　90/74TK
- 第305戦車中隊　　　　90/74TK
- 第320戦車中隊　　　　74TK

●北千歳 Kitachitose（千歳市）

第71戦車連隊
※各中隊本部に73APC
- 本部管理中隊　　　　　90TK、RCV
- 第1戦車中隊　　　　　90TK
- 第2戦車中隊　　　　　90TK
- 第3戦車中隊　　　　　90TK
- 第4戦車中隊　　　　　90TK
- 第5戦車中隊　　　　　90TK

第1特科団・第1特科群（方面隊直轄）
第102特科大隊
※本管中隊と各中隊本部にCCV
- 第1中隊　　　　　　　20HSP
- 第2中隊　　　　　　　20HSP
- 第3中隊　　　　　　　20HSP

第103特科大隊
※本管中隊と各中隊本部にCCV
- 第1中隊　　　　　　　20HSP
- 第2中隊　　　　　　　20HSP
- 第3中隊　　　　　　　20HSP

第129特科大隊
※本管中隊と各中隊本部にCCV
- 第1中隊　　　　　　　MLRS
- 第2中隊　　　　　　　MLRS
- 第3中隊　　　　　　　MLRS

■東千歳 Higashichitose（千歳市）

第7師団司令部付隊
- 車両小隊　　　　　　　CCV、73APC

第11普通科連隊
- 本部管理中隊　　　　　RCV、73APC
- 第1普通科中隊　　　　89FV
- 第2普通科中隊　　　　89FV
- 第3普通科中隊　　　　89FV
- 第4普通科中隊　　　　73APC
- 第5普通科中隊　　　　89FV
- 第6普通科中隊　　　　73APC
- 重迫撃砲中隊　　　　　120MSP、73APC

第7偵察隊
- 第1戦闘偵察小隊　　　74TK、73APC
- 第2戦闘偵察小隊　　　74TK、73APC
- 第3戦闘偵察小隊　　　74TK、73APC
- 斥候小隊　　　　　　　RCV

第7化学防護隊
- 偵察小隊　　　　　　　CRV

第7通信大隊
- 第1中隊　　　　　　　73APC
- 第2中隊　　　　　　　73APC

第7施設大隊
- 本部管理中隊　　　　　CCV
- 第1施設中隊　　　　　73APC、91ARBV
- 第2施設中隊　　　　　73APC、91ARBV
- 第3施設中隊　　　　　73APC、91ARBV
- 第4施設中隊　　　　　73APC、91ARBV

第7後方支援連隊
- 第2整備大隊　　　　　90/78ARV、73APC

北部方面教育連隊（方面隊直轄）
- 陸曹教育中隊　　　　　89FV
- 特科教育中隊　　　　　MLRS、20/99HSP

第7後方支援連隊（東千歳）

73APC　90ARV

●静内 Shizunai（静内郡静内町）

第7高射特科連隊
- 本部管理中隊　　　　　73APC
- 第1高射中隊　　　　　87AW
- 第2高射中隊　　　　　87AW
- 第3高射中隊　　　　　87AW
- 第4高射中隊　　　　　87AW

第7師団（機甲師団）
司令部／東千歳（千歳市）

方面総監部／札幌

WAPC / 90TK / 74TK / MLRS / 15HSP
78ARV / EV / 74TK / 90TK
90ARV / 91AVLB
20HSP / 74TK / 90TK
AW / 73APC

陸上自衛隊の装甲車両全国配備状況マップ

凡例
- □ → 方面総監部の所在する駐屯地
- ■ → 師団／旅団司令部の所在する駐屯地
- ● → 一般の駐屯地名と所在地

北部方面隊 その2
方面総監部／札幌（北海道札幌市）

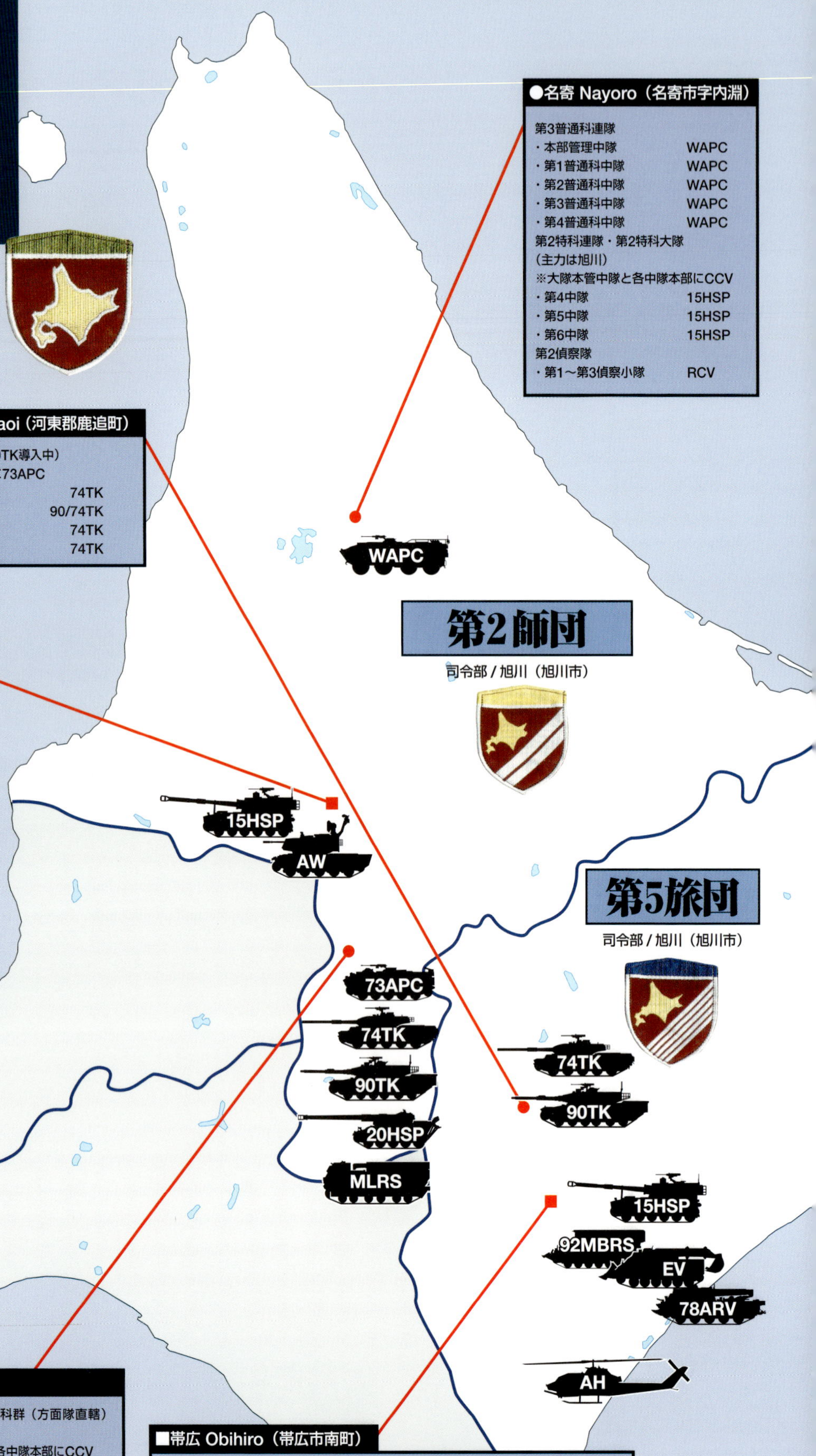

第2師団
司令部／旭川（旭川市）

第5旅団
司令部／旭川（旭川市）

■旭川 Asahikawa（旭川市）

第2師団司令部付隊
- 車両小隊　　　　　　　　CCV

第2特科連隊
※各大隊本管中隊と各中隊本部にCCV

第1特科大隊
- 第1中隊　　　　　　　　15HSP
- 第2中隊　　　　　　　　15HSP
- 第3中隊　　　　　　　　15HSP

第2特科大隊（名寄に駐屯）

第3特科大隊
- 第7中隊　　　　　　　　15HSP
- 第8中隊　　　　　　　　15HSP
- 第9中隊　　　　　　　　15HSP

第4特科大隊
- 第10中隊　　　　　　　15HSP
- 第11中隊　　　　　　　15HSP
- 第12中隊　　　　　　　15HSP

第5特科大隊（MSSRは平成17年度で運用終了）
- 第13中隊　　　　　　　MSSR
- 第14中隊　　　　　　　MSSR
- 第15中隊　　　　　　　MSSR
- 第16中隊　　　　　　　MSSR

第2高射特科大隊
- 本部管理中隊　　　　CCV、73APC
- 第3高射中隊　　　　　　87AW

第2施設大隊
- 本部管理中隊　　91ARBV、92MBRS
- 第1施設中隊　　　75ドーザ、73APC
- 第2施設中隊　　　75ドーザ、73APC
- 第3施設中隊　　　75ドーザ、73APC
- 第4施設中隊　　　75ドーザ、73APC

第2通信大隊
- 第1中隊　　　　　　　　73APC
- 第2中隊　　　　　　　　73APC

第2化学防護隊
- 偵察小隊　　　　　　　CRV

第2後方支援連隊
- 武器大隊　　　　　　　78ARV

●名寄 Nayoro（名寄市字内淵）

第3普通科連隊
- 本部管理中隊　　　　　WAPC
- 第1普通科中隊　　　　　WAPC
- 第2普通科中隊　　　　　WAPC
- 第3普通科中隊　　　　　WAPC
- 第4普通科中隊　　　　　WAPC

第2特科連隊・第2特科大隊
（主力は旭川）
※大隊本管中隊と各中隊本部にCCV
- 第4中隊　　　　　　　　15HSP
- 第5中隊　　　　　　　　15HSP
- 第6中隊　　　　　　　　15HSP

第2偵察隊
- 第1～第3偵察小隊　　　RCV

●鹿追 Shikaoi（河東郡鹿追町）

第5戦車隊（90TK導入中）
※各中隊本部に73APC
- 本部管理中隊　　　　　74TK
- 第1戦車中隊　　　　90/74TK
- 第2戦車中隊　　　　　74TK
- 第3戦車中隊　　　　　74TK

●上富良野 Kamifurano（空知郡上富良野町）

第2戦車連隊
（74TKから90TKに改編中）
※各中隊本部に73APC
- 本部管理中隊　　　　　90TK
- 第1戦車中隊　　　　　74TK
- 第2戦車中隊　　　　　74TK
- 第3戦車中隊　　　　　74TK
- 第4戦車中隊　　　　　90TK
- 第5戦車中隊　　　　　90TK
- 第6戦車中隊　　　　　90TK

第1特科団・第4特科群（方面隊直轄）

第104特科大隊
※本部管理中隊と各中隊本部にCCV
- 第1中隊　　　　　　　　20HSP
- 第2中隊　　　　　　　　20HSP
- 第3中隊　　　　　　　　20HSP

第120特科大隊
※本部管理中隊と各中隊本部にCCV
- 第1中隊　　　　　　　　20HSP
- 第2中隊　　　　　　　　20HSP
- 第3中隊　　　　　　　　20HSP

第131特科大隊
※本部管理中隊と各中隊本部にCCV
- 第1中隊　　　　　　　　MLRS
- 第2中隊　　　　　　　　MLRS
- 第3中隊　　　　　　　　MLRS

■帯広 Obihiro（帯広市南町）

第5旅団 司令部付隊
- 車両小隊　　　　　　　CCV
- 化学防護小隊　　　　　CRV

第4普通科連隊
- 本部管理中隊　　　　　LAV
- 第1普通科中隊　　　　WAPC

第5特科隊
※本管中隊と各中隊本部に
　　　　　　　　　CCV、73APC
- 第1中隊　　　　　　　15HSP
- 第2中隊　　　　　　　15HSP
- 第3中隊　　　　　　　15HSP
- 第4中隊　　　　　　　15HSP

第5施設中隊
- 各小隊　　　　　92MBRS、EVなど

第5後方支援隊
- 第2整備中隊　　　　　78ARV

第1対戦車ヘリコプター隊
（方面隊直轄）
- 本部付隊　　　　　　　OH-1
- 第1、第2飛行隊　　　　AH-1S

●美幌 Bihoro（網走郡美幌町）

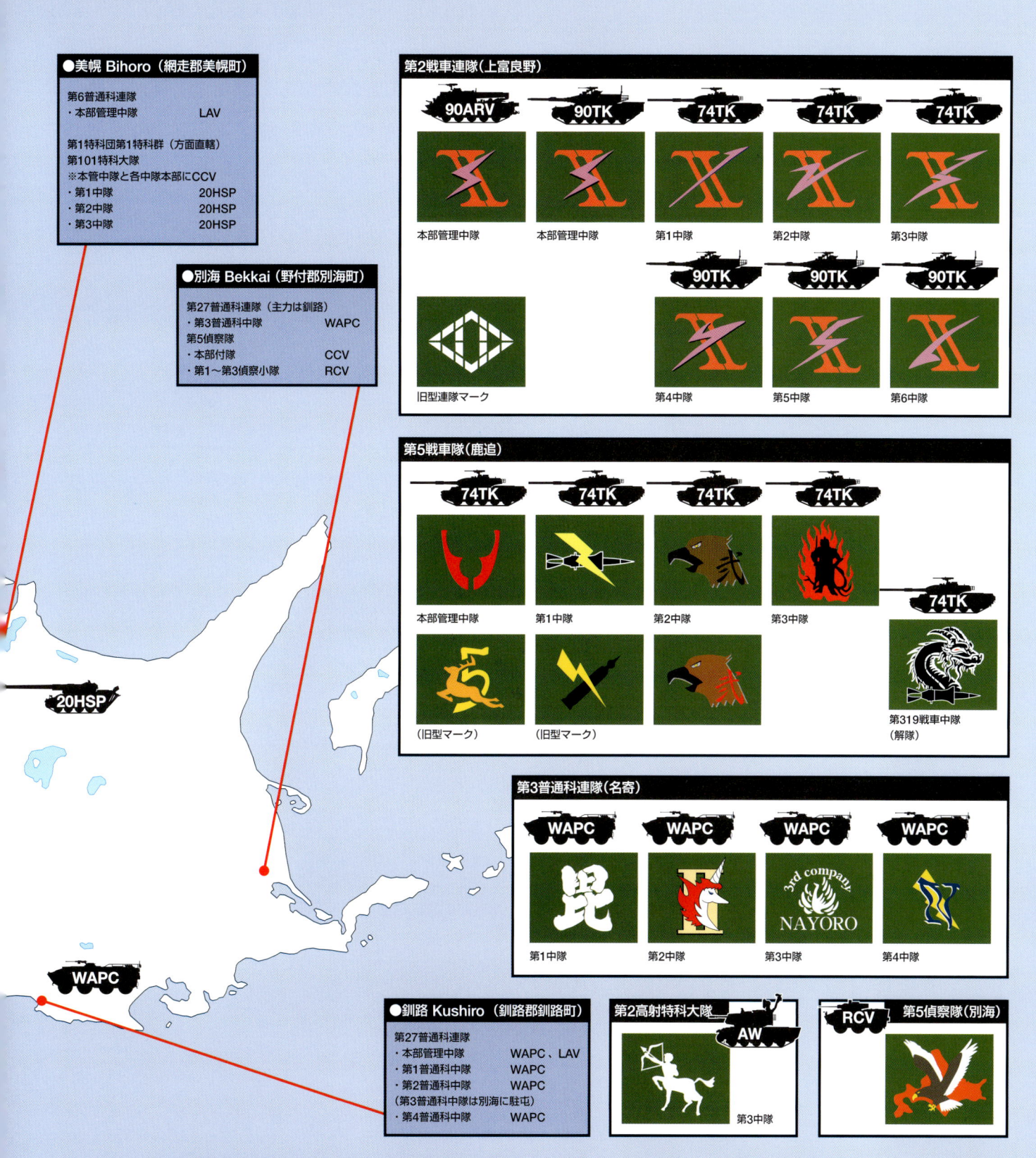

第6普通科連隊
・本部管理中隊　　　　LAV

第1特科団第1特科群（方面直轄）
第101特科大隊
※本管中隊と各中隊本部にCCV
・第1中隊　　　　　　20HSP
・第2中隊　　　　　　20HSP
・第3中隊　　　　　　20HSP

●別海 Bekkai（野付郡別海町）

第27普通科連隊（主力は釧路）
・第3普通科中隊　　　WAPC
第5偵察隊
・本部付隊　　　　　　CCV
・第1〜第3偵察小隊　　RCV

第2戦車連隊（上富良野）

| 90ARV | 90TK | 74TK | 74TK | 74TK |
| 本部管理中隊 | 本部管理中隊 | 第1中隊 | 第2中隊 | 第3中隊 |

| 旧型連隊マーク | 90TK 第4中隊 | 90TK 第5中隊 | 90TK 第6中隊 |

第5戦車隊（鹿追）

| 74TK | 74TK | 74TK | 74TK |
| 本部管理中隊 | 第1中隊 | 第2中隊 | 第3中隊 |

| （旧型マーク） | （旧マーク） | | 74TK 第319戦車中隊（解隊） |

第3普通科連隊（名寄）

| WAPC | WAPC | WAPC | WAPC |
| 第1中隊 | 第2中隊 | 第3中隊 | 第4中隊 |

●釧路 Kushiro（釧路郡釧路町）

第27普通科連隊
・本部管理中隊　　　WAPC、LAV
・第1普通科中隊　　　WAPC
・第2普通科中隊　　　WAPC
（第3普通科中隊は別海に駐屯）
・第4普通科中隊　　　WAPC

第2高射特科大隊

| | AW |
| | 第3中隊 |

第5偵察隊（別海）　RCV

うのだ。以下、陸自の部隊名（番号）がどんな法則になっているのか調べてみようと思う。

戦車や偵察、特科や後方支援など、師団と旅団の隷下（指揮下）部隊の多くは、それぞれ連隊や大隊、あるいは隊といった規模の違いはあっても、師団または旅団と同じ番号が付いていて、同じ職種の部隊どうしでの数字の重複はない。

だから、ある部隊が「連隊-中隊」で編成されているのか、または「連隊-大隊-中隊」の編成なのかといった、親部隊の規模に応じた一定の基準だけ頭にいれておけば、ほとんどの部隊の所属と職種を特定することができる。例えば「1戦-2」なら（第1師団の）第1戦車大隊第2中隊、「2特-2-3」なら（第2師団の）第2特科連隊第2大隊第3中隊である。複雑なところで「4後支-2整-戦」は、（第4師団の）第4後方支援連隊第2整備大隊戦車直接支援隊となる。

戦車部隊での例外は北海道の第1戦車群と、300番台の部隊番号をもつ"独立戦車中隊"があげられる。これらはかつて"北の脅威"が真剣に取り沙汰された頃、部隊の総数を変えないままで北海道の戦車部隊を増強するための離れ業として考え出された「北転事業」に端を発する。

本州と九州の各戦車大隊からそれぞれ1個中隊を抽出して北海道へ増援したのである。これらは北部方面隊直轄の独立中隊として第7師団を除く各師団の戦車大隊または連隊にそれぞれ1〜2個が配属された。所属は方面隊ながら運用上は大隊／連隊と一体にして、それらすべてを連隊規模にまで増強したのだ。

近年では情勢変化に加え74式戦車の減勢もあって次々と解隊され、現在では第317戦車中隊を残すのみになってしまった。同隊は運用上、第11戦車大隊の第5中隊に相当するが、マークは「11戦-317」でなく、「317戦」のみである。

一方、同じ北海道の第1戦車群は独立中隊が集められたという扱いのため、マークも「1戦群-305」とか「1戦群-320」となっていた。

47

ホンモノはこう塗っている
戦車教導隊式 部隊マーク塗装術

写真提供／富士教導団 広報班
協力／戦車教導隊 本部管理中隊
　　　第3戦車中隊

戦車教導隊本管中隊から、車両に中隊マークを塗装している場面の珍しい写真を提供していただいた。ただしあくまで提供は写真だけで、説明文は編者の勝手な想像で付けたものです。

▲数多い色違いのマークを特徴とする(?)戦車教導隊第3中隊。比較的凝ったデザインながらステンシルは2枚だけ。

モデラー垂涎?! 実車のマーキング

▲マーク塗装を前にして、お手伝いのW2曹「陸曹長が来る前に車体カバー外しとかなきゃ。けっこうメンドウなんだよなあ……」

▶右手にステンシル、左手に材料を持ち、マスクのための古新聞を小脇に挟んだA曹長がさっそうと登場。「忘れ物をすると遠くまで取りに帰らなきゃならないからね。段取りは大事よ」

▼まずは位置決め。「車体の後ろも捨てがたいんだよなあ……」

▲これが材料一式。ホームセンターで買ってきた缶スプレー式塗料2本とステンシルが2枚、適当な接着テープと両面テープを適量。それに古新聞。ここで急に巨人の小久保の記事が気になったりもするが、読み出すと止まらなくなるので注意。

▲まずは塗装面を清浄に。塗料の食い付きをよくするため、シンナー(塗料用の薄め液)を含ませた布で油分を落とす。

▶マークの位置が決まったら、ステンシルが浮いてマークの縁が滲んだりしないよう、裏側の数ヶ所に両面テープを貼っておく。

◀ステンシルの貼り付け完了。マスキング専用の紙テープを使っていることからA曹長はDIY好きもしくはモデラーなのであろう。

古新聞を用意。
ステンシルのまわりをマスキングする。

「お〜、とりあえずいい仕上がりだあ」
思わずピース。

▲きれいな仕上がりのためには、ステンシルを極力密着させることが大切。ここではそこらへんで拾ってきた木の枝を使用している。

この程度隠れれば充分かと。でも、隠しかたが足りないとマーク周囲の車体が汚れてあとの作業が大変になる。

▲2色目の塗料がかかる部分の両面テープを剥がします。

▲捨てても惜しくない手袋があればとっても便利なのだ。

▲いきなりマークの上に吹くのではなく、外側の新聞のところから吹き始めるのがコツ。塗料が垂れないように数回に分けてシュッ、シュッとリズムよく吹く。

▲慎重に位置を決めて2枚目のステンシルを貼り付ける。

▲2色めを吹き終わると真っ黒。不安な一瞬ではある。

▲1色目の塗装が終了。

▲2枚を重ねた状態で2箇所に小穴を開け位置決めにする方法もあるが、透ける素材を使えば直接見ながら微調整ができる。

▲部隊マーキング終了、ばっちり決まってご満悦のA陸曹長。アシストのW2曹もとてもうれしそう。

▲適度に乾くのを待って、ドキドキしながらステンシルを剥がす。焦って剥がすと汚くなるし、乾きすぎてもダメ。

▲2色めをスプレー。べつに口は開かなくてもいいんだけど。お手伝いの12曹も自分の手を犠牲にしながら懸命にステンシルを押さえる。

▲戦車教導隊本部の偵察小隊に所属するRCVもこのとおり本管中隊のマークが付きました。

49

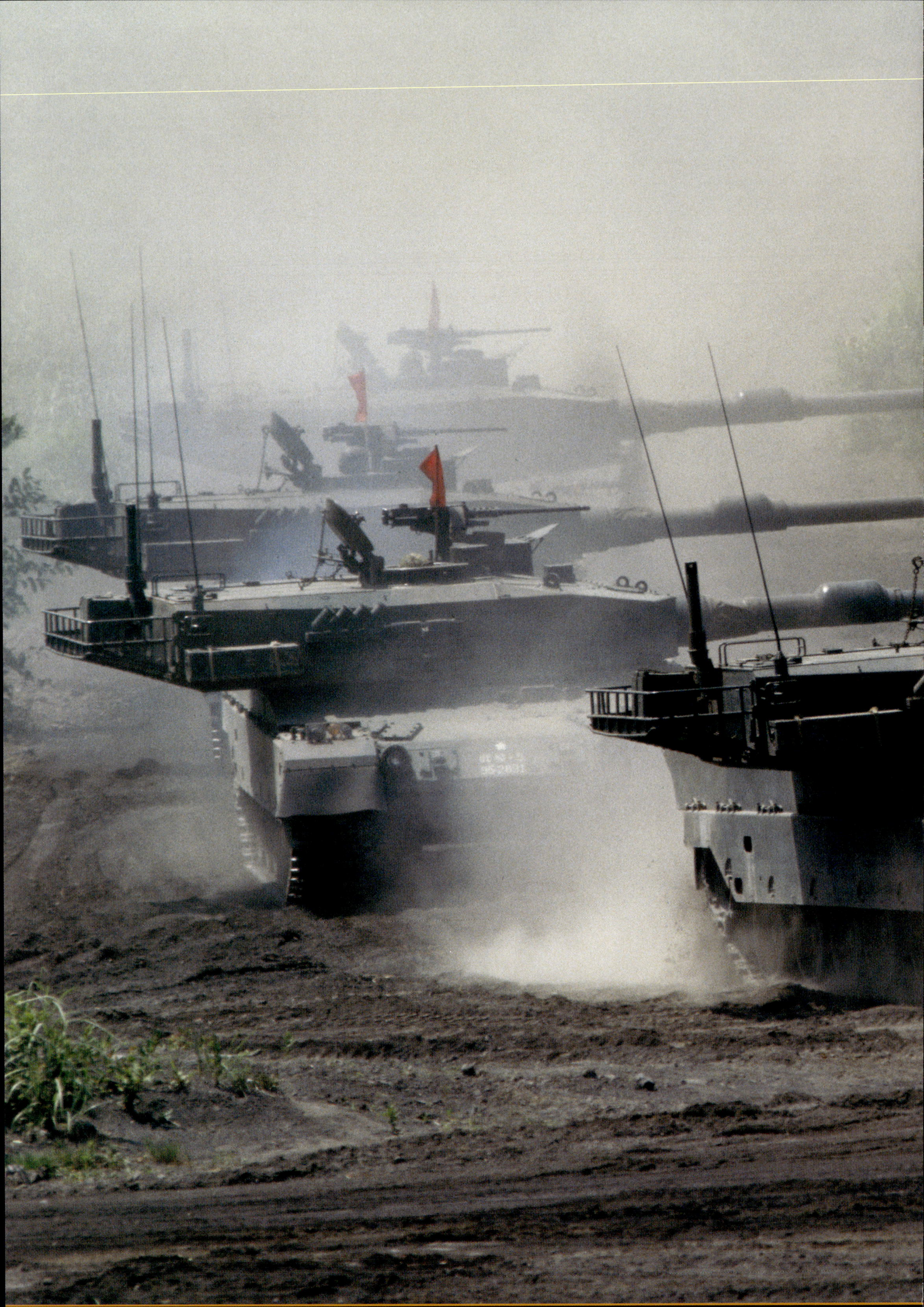

首都圏において陸上自衛隊「機甲部隊」を代表する

富士教導団
JGSDF Fuji School Brigade

　富士教導団は富士学校が同校の教育課程として行なう職種教育ならびに、新装備の扱いや要員教育、それを使った新戦術などの研究を支援するための実働部隊である。世界でもユニークな富士学校の特性は、ふつうなら単独で存在する普通科、特科、機甲科の各職種学校をひとつにしている点にある。それぞれが複雑に連携しないと成立しない現代戦の教育を一元的に行うことが可能なのだ。富士教導団もそれに沿って普通科（普通科教導連隊）、特科（特科教導隊）、機甲科（戦車教導隊と偵察教導隊）の各部隊を有し、それらが動くときに必要となる土木作業などの支援を提供する教育支援施設隊が含まれる。

以下のページ取材協力／防衛庁陸上幕僚監部広報室、陸上自衛隊富士学校広報班
p.52〜55写真／本田圭吾（インタニヤ）

全国部隊の模範となり"教え導く"精強部隊

　富士教導団は多忙である。富士学校の3科が扱う年間の教育課程は、約1ヶ月間の短いものから1年に渡る長期のものまで、合計50コース以上が組まれている。なかには普通科、特科、機甲科、施設科それぞれの頭文字をとって"普特機施"協同訓練と呼ばれる大規模な実働演習を伴うものがある。これは「幹部初級課程」（BOC）や「3尉候補者課程」（SLC）の修了を前に行なわれるもので、入校するまでの経歴や階級は異なるものの、いずれも小隊長である3尉（＝3等陸尉以上が幹部と呼ばれる）になるためのコースだ。約150名の学生を含むと6〜700名の人員、戦車や装甲車を含む約250両の車両、ヘリコプターなどが支援を実施する。つまり"未来の指揮官"に部隊運用をマスターさせるための"駒"の役割である。

　一方、一般に馴染みがあるのはなんといっても富士総合火力演習の実施部隊としての顔だ。本書でほんの一端を紹介したように、各隊は一般公開となる最終日のまる2週間以上も前から、数日間ずつの野営を挟みながら早朝から夜間まで練成を行なうのだ。これがあるために豊富な燃料と弾薬を使って経験を蓄積することができ、"精強な教導団"を自負するもととともなっている。

　陸自の"ショーウィンドー"としての顔もある。最近では映画版とTVドラマ版の両『戦国自衛隊』への協力があったが、首都圏に近く、装備が充実している富士学校／富士教導団には、どうしても取材や協力依頼が集中する傾向にあるのだ。

　以降のページは、富士教導団の隊員の、主に総合火力演習とその練成訓練における姿を追ったもの。陸自のさまざまな職種の部隊が行なっている訓練の様子や雰囲気といったものの一端を、彼らの背中で代弁してもらおうと思う。

晩夏の恒例行事。「教導団」の花道
富士総合火力演習
Fuji Fire Exercise

毎年夏の終わりに行なわれる富士総合火力演習、通称『総火演』は「各種火力の効果と現代戦における火力戦闘の様相」を呈示することを目的に行なわれる陸自最大規模の実弾演習だ。ショー的な要素が含まれるがゆえに秒単位の動きが要求され、まさに総合的な戦闘職種学校としての富士教導団の特性が発揮される"舞台"であり、腕の見せ所である。

富士総合火力演習の歴史は昭和36年（1961年）2月にさかのぼり、『総合展示演習』の名で実施されたのをその最初とする。富士学校がもつ普通科（歩兵）、特科（野戦砲兵）、機甲科（戦車および偵察）の〈幹部上級課程〉を受講している学生に対して、空砲を使う通常の演習では実感できない各種砲弾の実際的な効力や、各職種（兵科）の部隊が連携する現代戦闘の様相を認識させるのを目的とした、あくまで内部向けの教育行事だった。

その後、昭和41年からは「自衛隊に対する国民の理解と認識を深めるため」に一般公開日が設けられるようになった。演習最終日にあたる公開日には、防衛庁長官またはそれに準ずる政治家をはじめ、隊員の親族や各地の自衛隊協力団体、在日米軍関係をはじめ各国大使館付の武官、各界著名人やタレントなど、多様な招待者を含め、数万を数える人々が訪れている。

これを見ないと夏が終わらないという熱心なファンも多く、現在では一般チケットが入手難になるほどの人気"イベント"ともなっている。

54

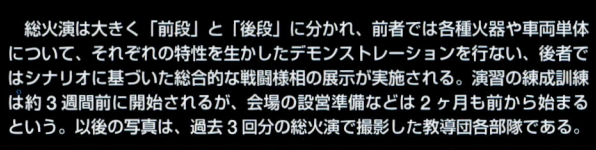

総火演は大きく「前段」と「後段」に分かれ、前者では各種火器や車両単体について、それぞれの特性を生かしたデモンストレーションを行ない、後者ではシナリオに基づいた総合的な戦闘様相の展示が実施される。演習の練成訓練は約3週間前に開始されるが、会場の設営準備などは2ヶ月も前から始まるという。以後の写真は、過去3回分の総火演で撮影した教導団各部隊である。

戦車教導隊 第5中隊
［点検射］の準備状況

取材協力／富士教導団本部広報班

戦車部隊の朝は早い。古来から攻撃開始は「暁を払って」であり、最近はこれが「月のない日の真夜中」までになった。総火演における"戦闘準備"も真っ暗闇の中で行なわれていたのだった。

Keigo HONDA (ENTANIYA)

PREPARATIONS
for Inspection Fire
of 5th Company, TKSU
at the Crock of Down.

01

02　Keigo HONDA (ENTANIYA)

03　Keigo HONDA (ENTANIYA)

Keigo HONDA (ENTANIYA)

04

■点呼・訓示
■弾薬車到着

01明けてきた空に、90式戦車のシルエットが浮かび上がる。砲塔上では取り付けた12.7㎜重機関銃の点検中。02富士学校広報班との待ち合わせは午前4時に演習場入り口付近。戦車教導隊の宿営地に案内してもらうと、間もなく部隊は集合、整列して訓示を受ける。この時点では、まだ周囲はほとんど真っ暗だった。戦車教導隊の宿営地では隷下の各中隊が準備を行なっていたが、ここでは第5中隊を取り上げている。03 04戦車の120㎜砲弾を積んだ73式大型トラックが到着、砲弾の卸下（しゃか）が始まった。砲弾を抜き出しやすいように、ケースの蓋は外されている。05ケースから抜き出した砲弾には弾頭保護のためプラスチック製の梱包材が付属している。これを外してから戦車に搭載する。

**弾薬の卸下
戦車への
搭載**

06 こちらは砲弾1発が入った木箱。安全管理上、弾薬トラックは戦車に横付けしない。実戦を想定すれば、さらに航空偵察などを避けて森のなかで作業をすることになるという。
07 マニュアルで決まっている手順ではなくても、部隊での慣例というか"作法"が確立している。降ろすなら降ろすだけ、蓋を開けるなら開けるだけ、のほうが効率的だ。08 木箱にはファイバーケースと呼ばれる筒が入っている。材質も作りも、誰でもなじみ深い卒業証書入れの筒にそっくりだ。蓋は紙テープで留めてある。09 砲弾を取り出したあとのケースは区別のため斜めにしておくのも部隊別の不文律だという。暗いなかでの判別も一目瞭然である。10 戦車の上で砲弾を受け取り、弾庫へ収めるには多少の時間がかかるので、このような行列ができてしまう。

砲腔の清掃

11 戦車の上では2名が砲弾を受け取り、自動装填装置の弾庫へ収める。このとき、車上で同時に2名で受け取り、協力して弾庫に収める場合と、ひとりずつ役割を分担する場合がある。青い弾頭は演習用の〈00式演習弾〉。飛ぶだけなら数10kmという長距離に達する装弾筒付き翼安定徹甲弾（APFSDS）の訓練を、日本の狭い演習場で安全に行なうために開発された。総火演の観客の面前で派手な走行間射撃を実施できるようになったのはこの砲弾のおかげなのだ。**12** 成形炸薬による対戦車攻撃を主体に、副次的に非装甲目標に対する効果をもつ多目的榴弾（HEAT-MP）。**13 14** 小隊員総出で砲身の清掃を行なう。「清掃」のイメージより「削る」に近い感覚の重労働だ。**15** あっという間に空の弾薬箱の山ができる。

Keigo HONDA (ENTANIYA)

■姿勢制御装置の機能点検 演習場への出撃

16|17 宿営地の別の場所にある武器庫に施錠格納してあった7.62㎜連装（同軸）機関銃と12.7㎜重機関銃を搭載し、砲弾を積載し、砲腔を清掃するなど、ひと通りの準備がなった戦車は、エンジンを始動して姿勢制御装置のテストを行なう。FCS（射撃統制装置）の進歩で左右への傾斜はあまり意味がなくなった（コンピュータで補正できる）が、前後の傾斜制御を利用すれば、砲の俯仰（上下）角を確保しつつ全体を低く設計できるのだ。山地の反斜面に身を隠して低地に砲弾を撃ち降ろす、いわゆる稜線射撃にも有効だ。18|19 朝6時30分からの〈点検射〉に向けて、次々に宿営地を出発する戦車小隊。点検射は演習に備えて砲と照準装置のチェックを行なう射撃だ。20 宿営地と総火演会場の畑岡地区を結ぶ"戦車道"を進む90式。21 1個中隊の戦車が通ると、カーブなどは40～50㎝も掘られてしまう。それを補修する戦教隊本部の施設作業車。22 教育支援施設隊の中型ドーザ。
●この項2003年8月23日撮影

■野営地の整備

戦車教導隊第2中隊
実弾演習の準備状況

東富士演習場内に通称〈キツネ塚〉と呼ばれるポイントがある。ここは総火演の後段演習で左手から登場する部隊が待機する場所で、戦車をはじめ各種車両が集結してさまざまな作業を行なうのを見ることができる。

RELOADING AMMUNITIONS
for Firing Maneuvers
of 2nd Company, TKSU.

Keigo HONDA (ENTANIYA)

01
02
03 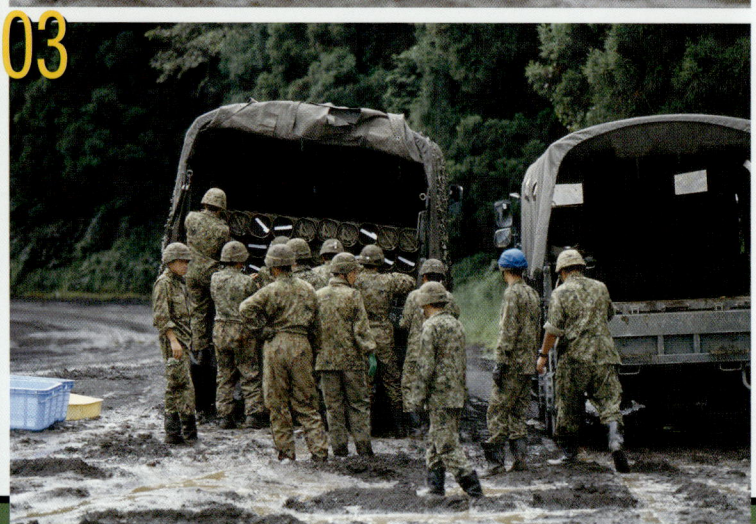
04
05

砲弾の開梱と戦車への運搬

01 砲弾の供給を受ける戦車教導隊第2中隊。擬装を施しつつもマークを表示しているのが通常の演習と異なる総火演らしいところ。**02** 砲弾を積載した戦教隊本部の73式大型トラック（通称"3トン半"）が到着した。この日は雨上がりのひどい路面状況で、歩くと足首まで泥に埋まる状態だった。**03** 砲弾を受け取るため戦車の乗員が集まってくる。**04** このコンディションのなか、1発約20kgの砲弾を運ぶのは容易ではないが、万が一の事故に備えてトラックは戦車に横付けしない。**05** 次々に降ろされる120mm砲弾。カゴの中身は左から弾底のクッション材、装弾筒（サボー）部の支持材、そして弾頭の保護キャップ。工場からの製品としての砲弾は精密機器の扱いなのだ。**07** 装弾筒部の保護材は2分割されている。**08** ふだんは普通科隊員と同様の戦闘靴も多く見るが、こんな日は深い〈戦車靴〉が圧倒的にいいようだ。**09** 粛々と作業を進める"戦教2中隊"。

10
11 12 13 14

車外から戦車の弾庫への搭載

⓾居並ぶ戦車に砲弾を搭載する。3名のクルーしか乗っていない90式戦車の場合、単車ごとではこのような作業が事実上できない。どうしても小隊全員での共同作業が多くなる。⓫～⓯砲弾を差し上げ、砲塔後部の弾庫へ収めるまでのシーン。渡す相手が砲弾を持ちやすいように、お互いが微妙に手の位置を気づかっているのが見て取れる。前項の第5中隊の写真では、車体上のひとりが砲弾を受け取り、もうひとりが弾庫への収納を専門に受け持っていたが、この場合はふたりで扱っている。74式戦車では異なる種類の砲弾を混載する場合、どの砲弾をどこに収納するかの権限は、それを専門に扱う装填手が握っていた（最終的には車長だが）。90式は装填が自動化されているため、"状況に即応できる収納法"の専門芸は姿を消し、弾庫に砲弾を収めるごとにその弾種を指先でインプットする作業がそれに代わった。⓰「いいですか～、受け取るよ！」この本の取材では状況をそのまま伝えるのを心がけ、作業を一瞬止めてもらうことすらなかったのだがこれは例外。このカットはエスコートしてもらっていた戦車教導隊出身の広報さん（といっても、富士学校の広報班はなぜか戦車出身の人が多いのだが）に"仲間内の顔"を向けているのだ。⓱現場の工夫を発見。車上での足場を確保するため砲塔後部の収納箱を外し、ラックの穴に足を入れている。また、姿勢制御装置で車高を落とせば搭載作業は楽になるが、中央2軸に使われているトーションバーに負担をかけるため戦教隊ではそれを行なっていないそうだ。

戦車教導隊第2中隊
植物による偽装の実施

取材協力／富士教導団本部広報班

戦車に砲弾を搭載した第2中隊は、続いて周辺の草木を使って擬装を開始した。総火演ではその期間中ほぼ毎日訓練が行なわれるが、擬装の有無や方法は日によって変わる。最近は車両が見やすいように、公開日には擬装しない傾向にあるようだ。

Camouflage Tanks
use of natural materials with foliage and twigs...

01

02

03

04

05

Keigo HONDA (ENTANIYA)

偽装テクは世界一?!

01 車体前部から偽装を開始した2中隊の90式戦車。これだけの悪路を走っても、スカートの外側はあんがい泥水を被らないのが興味深い。02付近の土手で草刈りを行なう。このときはカマを使っていたが、本部にはエンジン式の草刈り機まで置いてあった！ 03～05持てるだけの草をもって車両に向かう。樹木を使った偽装は周辺の植生に合わなければ意味がなく、また萎れてしまうと効果が激減するので絶えずチェックと修正が必要になる。戦車の前方ではRCV（偵察警戒車）が偽装を行なっている。06バラキューダに加えて、車体に巡らせたゴムバンドに草を装着する。07戦車の後部はエンジンの余熱でどんどん乾く。

●この項2004年8月24日撮影

「小隊、前へ」
戦車教導隊第5中隊

"Move Forward"
A Tank platoon of 5th Company, TKSU.

窪地状になったT字路に身を潜め、発進の命令を待つ90式戦車小隊に遭遇した。そこは道路から見ると両脇が戦車の高さほどにも盛り上がっていて、横からだと戦車の姿がまったく見えなくなっていた。

取材協力／普通科教導連隊本部広報班

■攻撃前進

ベテランの戦車乗りに聞いた話。米軍供与の戦車が現役だった頃の富士演習場は現在のように道路部分が陥没しておらず、もっと平坦な野原だったという。環境保護の概念などもまったくない時代のこと、戦車は一面の草木をなぎ倒して自由に進み、それが通ったところが道になっていく感じだったらしい。ときは流れて、軽石を砕いたような火山灰質の部分が多い演習場の地面はどんどん削られ、現在では道路部分の多くが切り通しのような状態になっている。雨水による侵食も非常に激しいという。01 03発進までの時間、打ち合わせを行なう車長と砲手。申しわけていどの偽装がなされているだけだが、背景と接する部分は見事に溶け込んでいる。ほんの5m移動し撮影アングルを変えると、まったく別の場所のように見える。02エンジンがかかり、小隊長が前進の合図を出す。戦車帽の右手側にあるヘッドホン部分には無線と車内通話装置の切り替えスイッチがついており、2両めの車長はそれを操作中。04道路に突き当たり、車長の安全確認と誘導を受けながら右折する地雷処理ローラー仕様車。視界の狭い装甲車両では必須の作業である。
●2005年8月23日撮影

戦車教導隊第3中隊
演習後の点検・整備①
取材協力／富士教導団本部広報班

Tank Maintenance
for after Maneuvers of
3rd Company, TKSU

昼間演習を終えた戦車部隊が宿営地に戻る。駐車エリアに車両を停止させると、点検整備が開始された。項目が多岐にわたるだけでなく、作業じたいは比較的簡単なものでも、とにかく個々のパーツのどれもが大きく重い戦車では、いちいち重労働となるのだった。

Keigo HONDA (ENTANIYA)

01

02

車体姿勢制御装置の効果

Keigo HONDA (ENTANIYA)

01 74式戦車の105㎜戦車砲。砲口にはライフルの山に沿って発射ガスの汚れが付着していた。ボアサイト（砲口の中心）を見るための刻みも確認できる。02 04 06 この3枚は撮影場所が違うのだが、同じ3中隊なので収録。姿勢制御装置で車高を上げ、足まわりの点検中。演習場内なので鉄帽を着用している。03 洗車ができない状況でも、泥はかき落としておく。この過程でナットの緩みやグリスの滲みを発見することもあるのだ。05 履帯は1コマずつ叩いて点検する。鈍い音を発する異常部分が見つかった。06 07 74式戦車の車高調整は上下各20㎝。並べてみるとその数字の差以上に大きく感じる。08 09 排煙器を外す準備のため耐熱被筒を外す。被筒は積層構造になっている。

■砲身サーマルジャケット（耐熱被筒）の取り外し

Keigo HONDA (ENTANIYA)

69

砲身排煙器(エバキュエイター)の分解清掃

⑩耐熱被筒が外れたら、続いて砲身排煙器を取り外す。もちろん被筒自体も清掃を行なう。⑪大きな専用レンチで排煙器の固定部を緩める。⑫機械の整備では、ていねいさだけでなく場合によっては力技も必要。別に乱暴に扱っているわけではないので念のため。⑬砲口のクラウン(前面部)を傷つけると、火器の命中精度はガタ落ちになるという。慎重に排煙器を引き抜く。⑭軽量級の74式といってもそこは戦車。ふたりがかりで排煙器を下ろす。部品は決して地面に直置きしない。ここでは投光器前面に付けていたカバー(合板)を利用している。この時点ですでに機銃は返納されているし、隣の車両では燃料補給が進行中。多様な作業が同時進行しているのだ。前ページ⑧の背景には給油車が写っている。

砲身洗桿(クリーニングロッド)の詳細

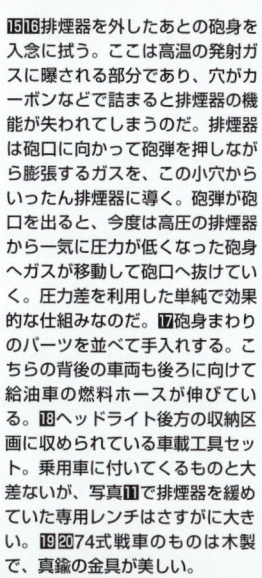

15 16 排煙器を外したあとの砲身を入念に拭う。ここは高温の発射ガスに曝される部分であり、穴がカーボンなどで詰まると排煙器の機能が失われてしまうのだ。排煙器は砲口に向かって砲弾を押しながら膨張するガスを、この小穴からいったん排煙器に導く。砲弾が砲口を出ると、今度は高圧の排煙器から一気に圧力が低くなった砲身へガスが移動して砲口へ抜けていく。圧力差を利用した単純で効果的な仕組みなのだ。17 砲身まわりのパーツを並べて手入れする。こちらの背後の車両も後ろに向けて給油車の燃料ホースが伸びている。18 ヘッドライト後方の収納区画に収められている車載工具セット。乗用車に付いてくるものと大差ないが、写真11で排煙器を緩めていた専用レンチはさすがに大きい。19 20 74式戦車のものは木製で、真鍮の金具が美しい。

●この項2003年8月23日撮影

Tank Maintenance
for after Maneuvers of
5th Company, TKSU

演習後の点検・整備②
戦車教導隊第5中隊

前項の第3中隊と向かい合うような形で、第5中隊が戦車を停めていた。この日は終日晴れてはいたが、時おり地面を這うように霧が発生、気がつくと背景が白くぼやける状況が続いた。整備が終わって隊員がテントへ引き揚げる頃には、裏表紙写真のような幻想的な光景となった。

02

洗桿（クリーニングロッド）による砲腔清掃
120㎜残弾の卸下

01 概ね整備が終わり、解散の合図を待つ第5中隊。左端の90式はドーザー仕様車で、その基部を見せているのは珍しい。総火演は一般見学者から見ればショーだが、部隊にとっては貴重な実弾をほぼ毎日撃てる真剣な訓練である。ためにその行動はかなり実戦を想定している。航空機から発見されないよう車両は森に沿って停まるか、可能なら森に引き入れ、履帯の跡は掃いて消すなどである。02 時間経過は前後するが、砲身内部を清掃する光景。分割されたクリーニングロッドを長くつないで使用、独特のリズムで細かくロッドを前後させながら砲身に突き入れていく。このときの掛け声は部隊ごとに異なり、特科でもまた違うようだ。90式のロッドは金属製で、74式のものに比べると倍くらい太い。03 乗員は迷彩服を油や泥で汚さないよう、各自が整備用のツナギなどを用意している。なかには通常の作業に使う"ライナー"ではなく、わざわざ別のヘルメットを着用している隊員も見える。04 05 演習で使い残した砲弾を装塡装置から取り出し戦車から降ろす。搭載時とは逆に、手空きの隊員が行列している。

06

07

08

09

車載機関銃の格納庫への返納

06 砲塔上の乗員が弾庫から弾薬をとり出し、砲塔横の隊員に手渡す。07 受け取ったほうは身体を半回転させて戦車の下の隊員へ渡す。その際に燃焼式薬莢の中央部と弾頭の先端を持ち、受け取る者が持ちやすいようにしている。約20kgの砲弾のやり取りは、危険に直結するだけに慎重さを要する。08 受け取った側が完全に砲弾を確保するまで、渡す側も手を離さない。この90式は砲塔横の収納箱を2段重ねで搭載し、下側の箱もそのまま中身を出し入れできるような工夫を施されている。起動輪が巻き上げた泥が車体側面を汚していたり、スカートの足掛けから泥土が垂れているなど、停まっていながらも90式戦車のパワフルさが伺い知れる写真だ。09 たいていの乗員は身体の前面で砲弾を持つようだが、横抱きは珍しい。10 武器庫へ返納すべく砲塔上から外された12.7mm重機関銃M2。本体から銃身が分離されている。11 こちらは12.7mm（.50口径）M2の奥に74式車載7.62mm機関銃も見える。12 90式のフェンダーに置かれたM2を持ち上げようとする。M2の重量は38kgあるので、銃身を外してもひとりで持つには楽ではない。13 74式のほうは細身だが、車載仕様だけあって約20kgの重量がある。右腕の様子がそれを物語る。地面の木箱は76mm発煙弾のもの。取材日は"隊員家族の日"ということで、かなりの見学者が演習場に入っていた。14 いざ人物と対比させるとM2がいかに大きいかわかる。15 M2の銃身を武器庫へ運ぶ。向かいは前項の74式中隊。数10mほど離れて駐車していた。

16

17

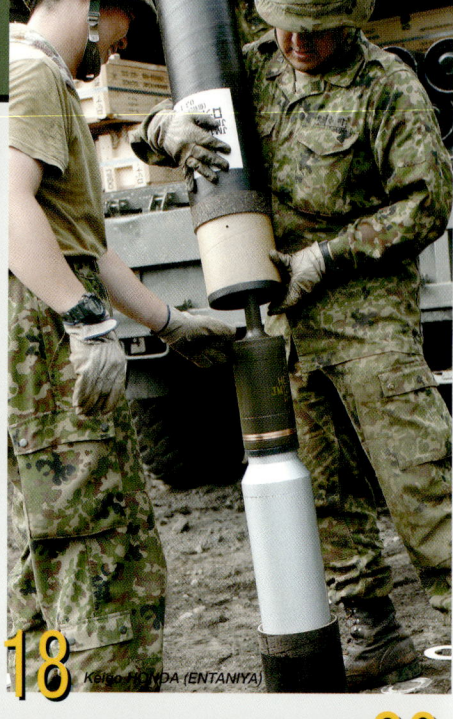

18 Keigo HONDA (ENTANIYA)

19 Keigo HONDA (ENTANIYA)

20

21

22

76

砲弾の再梱包、発煙弾発射器の清掃etc.

16戦車から降ろされた未使用の砲弾は再びケースと木箱に収められて梱包され、トラックに運ばれる。砲弾は底のほうから引き出すのと同様に、まずファイバーケースのキャップを地面に置き、砲弾を立てる。17そしてケースの本体を被せていく。付近には最初に入っていたシール材などが散乱しているが、部隊がそこに存在した痕跡を残さないのが作戦行動上の基本であり、この後きれいに始末されたのは言うまでもない。1819いずれも砲弾を倒さないようふたり一組で作業している。2021どんどん砲弾が詰められ、トラックに積まれていく。砲弾の木箱は演習をはじめなにかと使い道が多く、再利用されることが多いとか。22発煙弾発射器の清掃。23照準潜望鏡の蓋は手動で閉めていた。24整備が終わり小隊長を待つ。2526宿営地に戻る。戦車乗員は鉄帽と戦車帽を使い分けるので、多くがパイロットのようにヘルメットバッグを使う。魔法瓶を持ち込む人もいるようだ。

●この項2003年8月23日に撮影

特科教導隊

99式自走155㎜榴弾砲の陣地進入

特科教導隊 第3中隊

特科教導隊の最新装備は15HSPで、一昨年に第3中隊の所要分が揃った。写真は2004年7月13日、富士学校開設記念行事の予行で撮影された。射撃陣地に進出する99式が車体（長大な砲身）を左右に振りながら走行する魅力的な画像だ。

写真協力 富士教導団本部広報班

Entered Firing Positions
3rd Company, Feild Artillery School Unit

99HSP（自衛隊は75式も99式も15HSPと表記）は75式自走155㎜榴弾砲の後継として開発された。諸外国の同級車両と同じ52口径の長砲身をもち、最大射程は約30㎞。また、完全に自動化された装塡装置により発射速度も高い。新野戦特科射撃指揮装置（新FADAC）に接続できるデータリンクを搭載し、指揮所と直結した射撃が可能と言われる。空気の塊が飛んでいくような独特の射撃音は実に印象的だ。

203mm自走榴弾砲の射撃
特科教導隊第4中隊

取材協力／特科教導隊本部広報班

Firing of Heavy SP Guns
4th Company, Field Artillery School Unit

203mm自走榴弾砲は陸上自衛隊が装備する最大の火砲だ。アメリカのM110A2をライセンス国産したもので、北部、東北、西部の各方面隊直轄の特科群（昔ふうに言えば軍団砲兵）しか持たない"特科の切り札"だ。

02

射撃陣地の占領

01 陣地に入った203㎜自走砲。掩体が築かれ擬装が施されている。02 事故防止のため、砲の旋回角を規制するポールが立てられている。03 射撃の反動を地面に吸収させる駐鋤（ちゅうじょ＝スペード）が打ち込まれる。作業を容易にするための足場に注意。04 砲弾が用意され装填を待つ。05 位置の基準出しに使うコリメーター。赤白の標桿に代わるもの。06 本来ならこちら側に砲側弾薬車が付く。

81

信管の測合

07 砲弾頭部の輸送用アイボルトを外して信管を取り付け、〈電気式信管測合器〉とカールコードで結ばれた接続部を信管に被せて射撃諸元のデータ(曳火射撃なら地上何メートルで爆発させるか、など)を転送する。いわゆる「信管を切る」作業だ。08 弾体の保護バンドが外され、ライフルに食い込み発射ガスの漏れを防ぐ銅のリング(導環)が露になったM106榴弾。09 輸送ボルトが付いた状態の榴弾と装塡補助装置に砲弾をセットするための補助具〈送弾板〉そして信管測合器。10 11 発射準備が整った砲弾を砲手ふたりが装塡補助具にセットする。

■装薬（発射薬）の装填

12 装填補助装置から伸びるアームにフック状になった送弾板の先端を引っかける。13 14 アームは次第に起き上がり……。15 約180度回って反対側に倒れたところで装填時の砲身の仰角に一致する。16 続いて装填装置が左に約90度旋回、砲の軸線と同じになる。17 発射用の装薬が渡される。18 レバーの操作でラマー（装填棒）が伸び、砲尾の薬室に砲弾が送られる。19 装薬が（これは砲手の手で）挿入されると、隔螺式の尾栓が閉じられる。20 装薬に点火するための〈火管〉がセットされ、引き鉄の役割をするロープである拉縄（りゅうじょう）を取り付ける。これで発射準備は完了である。

■火管（点火薬）の装填、拉縄の取付け

21
22
24
23

84

射撃！

㉑すべての射撃準備が終わり、指揮所からの射撃号令を待つ。総火演でのように異なる種類の火砲がタイミングを合わせて射撃し同時に弾着させる場合、指揮所では弾着時間をゼロとして秒読みを行なっている。それぞれの種類の火砲の発射タイミングは砲弾の飛翔時間を逆算して号令される。㉒腰を回転させるような動作で拉縄が引かれると、轟音を発して砲弾が発射される。最初はもっと砲の近くでカメラを構えていたが、どんなに身構えていても身体がビクッと反応してしまうのだった。そんな発射の瞬間にも左側では次弾の用意をしている。㉓「っしゃあ～!!」とばかりに気合いが入る発射担当の砲手と冷静な砲班長の対比が面白い。指揮所とは車体右側後端のリールから有線電話でつながっている。㉔スウェーデン製のバラキューダと国産の竹の組み合わせの妙。砲側弾薬車がいないおかげで射撃陣地全景が撮れ、砲班員の仕事もよく見ることができた。以前は画面手前に小さな丘があって全体を見下ろす絵が撮れたのだが、まっ平らに整地され砂利も入って、演習場らしい趣はなくなってしまった。㉕作業するごとに声をかけ合い、相互にチェックを行なう。安全に対する意識は高い。㉖装薬を一時保管するテント。砲弾も含めて火薬は温度変化を嫌うので、直射日光にさらすようなことはない。

射撃後の整備

27 28 射撃後の手入れが始まった。砲座には洗油を入れたポリバケツが置いてあり、薬室などをごしごし洗う。29 洗桿はこ〜んなに長い。30 31「3回押して2回引く」などと決め、掛け声とともにリズミカルに押し上げていく。最後尾の砲手に注意。20榴（現場では短く"にじゅうりゅう"と呼んでいた）の砲班にまでWAC（女性自衛官）が配員されている。32 洗桿の先端に付くブラシ。布を巻いて使う。33 砲口カバーをかけて整備終了。●この項2003年8月20日撮影。

155mm榴弾砲のFH-70の射撃

特科教導隊第2中隊

取材協力／特科教導隊本部 広報班

現在の陸自では北海道以外の師団特科をFH-70の装備で統一している。特教隊は総火演での"決め技"、曳火射撃による富士山形の弾着を実現させるスゴ腕揃いだ。

Firing Method of Howitzer
2nd Company, Field Artillery School Unit

射撃の準備

01前項の20榴と並んで設けられた射撃陣地の全景。あくまでこれは総火演における布陣で、状況により陣地の作りかたは異なる。バラキューダに重ねてあるシートなどは対空用の擬装であるのも事実だが、火砲や砲弾を日光の直射による温度上昇から守る意味合いもまた大きいとのこと。02 03砲の前側にはやはり射角規制のポール。04砲班員が配置に付く。総火演では射撃後の陣地変換もないし、周辺警戒のための要員も不要ということで、射撃だけに必要な最低限の人数で運用されている。

05

06

07

08

09

05 配置に付き準備をはじめる砲班員。中央、射撃指揮所につながる有線のヘッドセットを装着しようとしているのが砲班長。06 砲弾の重量は1発45kg近くもあって、それを運ぶ砲手の姿勢も後傾している。07 信管に射撃諸元のデータを入力する。08 砲弾は75式自走砲などと共通のM107榴弾。いちばん奥は黄燐発煙弾。カバーを外した銅製の導環が美しい。演習のプログラムに応じた弾種と弾数を用意し、仕切りを入れておく。09 ちょっとしたミスが大きな事故につながりかねない。班員がダブルチェックするのを、ヘルメットに青いカバーを着けた安全係が確認している。

89

■砲弾の装塡

10

11

■装薬の装塡

12

13

10揺架にある装弾用のトレイに砲弾を置く。11砲弾がまだちゃんと置かれる前から、すでにふたりで操作するのを前提に作られたラマー（装塡用の棒）が用意されている。12「そりゃ～!!」2名が力を合わせて砲弾を薬室に押し込む。13続いて装薬が込められる。砲尾の撃発装置の弾倉には〈火管〉が11発まで入り、自動的に装塡される。14装塡用のトレイに次弾が置かれる。尾栓が閉じられると、これで発射準備完了。安全係が指揮所に発射準備OKを合図する前では、次々に砲弾が準備される。15「射撃準備よし」を指揮所に伝える砲班長。足もとにはヘッドセットが接続された有線電話が見える。

14

■射撃準備完了

15

■射撃開始

⒃発射。照準手が右手にある撃発ハンドルを引くと砲弾が飛び出す。砲口制退器からの吹き戻しガスはさほどではないが、音はすごい。さしもの砲員も耳を塞ぐ。⒄カム利用の尾栓が開き火管が排出される。次弾を装塡しようとする横では、すでに装薬が準備中だ。⒅装塡に使ったラマーが脇へよけられ、そのまた次の砲弾が装塡トレイに置かれる。全作業は流れるように連携している。⒆思わずブレてます。⒇装薬ケース。

21

22

23

24 25

92

FH-70 ウォークアラウンド

㉑㉒総火演における陣地の典型。攻撃時は特科も〈攻撃前進〉するし、防御戦では深い穴を掘って要塞化することもある。現代戦でも野戦砲兵は火力戦闘の骨幹であり、要求事項も多い。掩体やコリメーターの三脚を押さえる土嚢に注目。㉓装薬のケース。㉔温度変化によって射距離が変わるので、装薬は日陰に置き、使用直前までケースから出さない。㉕92式信管のケースとその木箱など。㉖90式時限信管のケース。手前は砲弾の輸送用アイボルトや導環の保護カバー。㉗砲弾は弾薬箱に渡した材木の上に置いてある。温度管理や作業の効率まで考えた配置だ。㉘装薬を収めたテント。㉙周囲の物品配置は各砲とも概ね共通だった。

中隊本部

㉚各射撃中隊ごとに設けられる中隊〈戦砲隊〉射撃指揮所〈FDC〉。砲班すべてを目視できる50〜100mほどの距離にあって、砲班とはそれぞれ有線電話で結ばれている。総火演では観客席の左端に特科教導隊を中心とするすべての特科射撃を統括する射撃指揮所が置かれているが、そこからの射撃命令を受けて、各砲班に射撃の号令として伝えるのだ。㉛FH-70を牽引してきた作業機（クレーン）付き74式特大型（とくおおがた）トラック。〈中砲牽引車〉と呼ばれている。本来の配員ではトラックの運転手は砲班とは別だが、とくに総火演ではその限りではないようだ。特科教導隊にはFH-70の中隊が2個しかないので、近隣の部隊から持ち回りで1個中隊の支援を受けている。●この項2003年8月20日撮影

普通科教導連隊
軽装甲機動車の待機風景
普通科教導連隊第1中隊

協力／富士教導団本部広報班
　　　普通科教導連隊本部広報班

総火演本番直前のリハーサル

01 総火演の会場右手から登場する部隊が待機する、いわば"舞台のソデ"を取材できた。演習の流れに沿ってイメージトレーニングする5.56㎜機関銃MINIMIの射手。銃には実弾が装塡された弾帯（ベルトリンク）が装着されているので手を触れていない。02 早朝の低い太陽の光を浴びたLAV（軽装甲機動車）。03 演習の準備が始まった。MINIMIに弾帯を装着し、手前の班員は01式軽対戦車誘導弾（発射筒はセットされていない）を準備する。04 総火演では軽快なAPC（装甲兵員輸送車）として運用されたLAV。車上は中隊長。05 基本色は緑で、ドアを閉めた状態で茶の迷彩を施している。05 中隊長のブリーフィングが始まる。
●2005年8月27日撮影

Ready to Go on Stage
1st Company, Infantry School Regiment

06

軽装甲車化小銃小隊が集結

07
08
09
10
11

空輸用スリング装着要領

07こちらは会場左手の坂を200〜300m下った場所。左手から登場する部隊が待機する地点だ。08 09ヘッドライトを点灯した"普教連1中隊"のLAVが次々と坂を登ってくる。第1中隊は高機動車（HMV）による自動車化中隊だったが、先にLAVの配備を受けた第2中隊に続いて装甲車化された。当初は車体規模も性能も中途半端な"装甲ジープ"と見られたLAVも、イラクへの派遣と現地アメリカ軍車両のなりふり構わぬ装甲車化を見るに及んで、陸自でいちばん時代にマッチした車両と高く評価されるようになった。10ルーフ上でなにやら始まった。11よく見れば、なにも屋根の上に立ってすることでもないだろうに、MINIMIの銃身を外して手入れ中だ。部隊を問わず、保守整備が身に付いた人たちである。12出番を終えた中隊が同じ場所を下っていく。入れ替わりに第1戦車大隊の74式戦車が待機中。13 14空輸用スリングを付けたまま走るLAV。厚手のシートベルトを10枚重ねにしたような感じだ。15 CH-47Jによる空輸の状況。●2005年8月19日（13のみ同23日）撮影

演習直前のイメージトレーニング

普通科教導連隊 第4中隊

協力／富士教導団本部広報班
普通科教導連隊本部広報班

前項の第1中隊のさらに奥、観客から見えない位置に第4中隊が待機していた。以下は総火演本番開始まで自隊の演目をリハーサルする第4中隊の様子である。この見開きの左2点は出番を終えて戻る同中隊、右は待機位置から会場に出てゆく姿。

Dress Rehearsal
Just Before the Show
4th Company, Infantry School Regiment

無反動砲の照準規正と発射タイミングの確認

■車外展開のシミュレーション

01 総火演の会場と同じ射撃台を使って、照準規正を行ない同時射撃の呼吸を合わせる無反動砲チーム。02 手前2名は110㎜個人携帯対戦車弾（LAM）の発射筒なしの状態。03 10m離れた装甲車に貼られた標的。太い十字にボアサイト（砲身の中心）、細いほうに照準器を合わせると、数100m先の設定距離で狙いどおりに着弾する。04 05 狙点は照準器の中心でも、砲が左右に傾いていると弾着がずれるので、水準器を使って砲の構えを体得する。06 砲尾を開いて砲弾の装填動作。装填手はほぼ後ろ向きの姿勢で装填する。07 08 射撃姿勢。装填手の腰には照準器のケース。09 10 装甲車から一気に飛び出す練習。11 砲口と砲尾のカバーを付けた84㎜無反動砲。

| 01 | 02 | 03 **弾薬の交付・準備** |

■12.7㎜機関銃の装塡

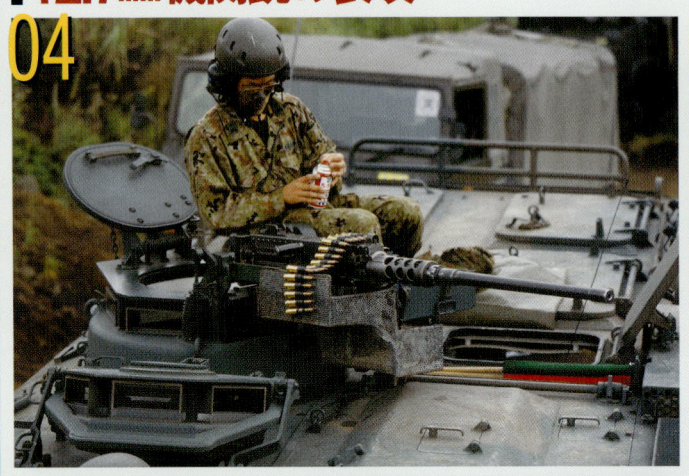

04	07
05	08
06	09

Keigo HONDA (ENTANIYA)

01 支援の戦教隊1中隊の73式大型トラックから弾薬の交付を受ける。小銃弾は紙箱に入った状態で渡される。02 これはすでにリンクで結合された12.7㎜重機関銃弾。銀色は新品の弾薬を包んでいた防湿防熱用の蒸着シート。03 10発単位のリンクで交付されたMINIMIの弾帯を長く連結する。04 重機関銃の装塡動作の実演。取り出したのは機械いじりの友「サビを防ぎ動きをよくする」某シリコン系浸透潤滑剤。陸自の現場ではこれが送弾不良を防ぐ"まじない"というか信仰の域にまで達しているようで、使用頻度が非常に高い。05 伸ばした弾帯にまずひと吹き。06 吹き残しがないようにもうひと吹き。07 途中で引っかからないように慎重に弾薬箱に収める。08 フィードカバーを開け、機関部にもスプレー。09 初弾を装塡位置に合わせてカバーを閉じ、ボルトを引けば初弾が薬室に送られ、発射準備完了（のはずだが、実際は弾薬は弾薬箱に収めたまま。装塡していない）。10 96式自動擲弾銃を装備したWAPC（96式装輪装甲車）。11 WAPCの上面は平面的。12 数が多い擲弾銃装備型。13 重機関銃装備のタイプは少数派だ。

演習内容の確認

01 02 ロウレディと呼ばれる低いポジションからの据銃を展示する小銃班員。●この2点のみ滝ヶ原駐屯地にて撮影。03 5.56㎜機関銃MINIMIの射手。04 WAPCの車上からMINIMIの射手を見る。05 第4中隊員はたいへんノリがよくフレンドリーだった。一方、戦車乗りは総じてシャイに思えた（単に忙しかっただけかもしれないが……）。

89式5.56㎜小銃

Keigo HONDA (ENTANIYA)

5.56㎜機関銃MINIMI

砂盤演習

09 10 顔に迷彩ファンデーション(カネボウ製だがあって、本当にそう書いてある。大メーカー製が肌にやさしいらしい)を化粧中。全員が塗り方を統一して、迷彩効果を得るとともに敵味方識別ともしている。11 中隊長を中心に砂盤演習(地面に大雑把な地形や道路などを再現、部隊の動きを検討する。もちろん小石がWAPCを表す)を実施中。12 記念写真を撮るとなったら、中隊長の「中隊防弾ベスト着用、小銃班フォーメーション!」のひと声でこんなポーズをとってくれた。13 出番の時間がきて動き出したWAPC。●98頁からの項、2005年8月23日と27日の写真を合わせて構成

宿営地での点検・整備
普通科教導連隊 第5中隊

協力／富士教導団本部広報班
　　　普通科教導連隊第5中隊本部

　普教連5中隊は陸自の普通科部隊で最大最強の装甲車両であるFV（89式装甲戦闘車）を装備する。戦車部隊と普通科部隊の特性を併せ持つ存在である。

　左3点は96ページと同じ場所でのFV。2005年8月19日早朝の低い光のなか、エンジンを吹かしながら側道から飛び出す様子。FVの機動はスピードに乗ったままでエッジを効かせた鋭いターンをする印象がある。右の2点はそこから300〜400m下った場所。狐塚の待機場所から会場に向かって坂を登ってくるFV小隊。東富士の背景は意外と変化に富んでいる。同8月23日。

Vehicle Maintenance
at a Camping Sight
5th Company, Infantry School Regiment

宿営地の駐車エリア

Keigo HONDA (ENTANIYA)

02

装甲戦闘車の整備状況

昼間演習を終えて戻った小隊とこれから夜間演習に向かおうとする小隊とが、ともに車両整備を行なう普教連第5中隊の宿営地を取材した。01連隊の他の中隊と少し離れた場所に設けられた第5中隊宿営地の駐車場全景。同中隊は小隊ごとに車両の擬装方法を変えるなど、なにかと研究熱心な部隊だ。02車体に針金を巡らせてバラキューダを吊り下げ、その上からゴムベルトで押さえている。作業機付きの"3トン半"トラックが寄せられているが、FVの車格となると砲身を外すにしろなんにしろクレーンが必要となる。本管中隊施設小隊の資材運搬車のクレーンも整備に欠かせないという。03車体の後方では分解した機関砲のパーツを洗浄油で洗っている。04この車両は砲塔内の不具合を修理中。05砲塔後部のスペースドアーマーを兼ねた物入れは後方に開くと、作業用プラットホームになる。06 35㎜砲の砲腔清掃はひとりでもできるようだ。07 08チェッカーを挿入して発煙弾発射器の撃発動作を確認中。

35mm機関砲弾の搭載

01
02
03
04
05
06
07

車体の擬装

08
09
10

演習中の待機

01 35㎜砲弾20発入りの木箱を積んだトラックが到着した。荷台上の隊員は迷彩のスカルキャップを被っている。**02 03** 砲弾は発泡スチロールの緩衝材で梱包されている。**04** 当時、第5中隊の本部車両として配備されたばかりだったWAPC。現在は管理変えで第4中隊にある（本書105ページ下の写真がそれ）。**05** 後部ハッチから弾薬を搬入する。FVの砲塔内は35㎜機関砲の左右に立つパネルで完全に3分割されている。車長と砲手の座る区画は、砲を挟んでそれぞれ独立しているのだ。パネルには機関砲の弾倉にあたる部分にスライド式のドアが設けられ、給弾はちょうど自販機に飲料を補充するような形でバラの砲弾を詰めていく。数発を詰めたらレバーを下げて砲弾を送るのだという。**06** 乗員が持っているのは、給弾の際に最初に送り込み送弾機構を作動させるための擬製弾。機関銃の弾帯の先頭に付けるタブに相当する。**07** 富士方面で好評のイス付リュック。映画『戦国自衛隊』のロケ隊でも、少なからぬスタッフが購入していた。**08** 付近の草を刈って擬装作業を実施中。**09** 第5中隊はバラキューダに布きれを垂らすなど、擬装に工夫を凝らす部隊だ。**10** 撮影時刻は前後するが、"狐塚"で待機する第5中隊の2個小隊。このときも小隊ごとに擬装方法を変えていた。**11** 中隊長が演習を終えた部下を見てまわる。●2003年8月20日 と2004年8月24日の写真で構成

11

01
02
03
04
05
06

偵察教導隊

偵察隊は第7偵察隊以外は装軌車両を装備しないのに"機甲科"職種に属する異色の存在である。隊員個人が扱う車両火器ともに多種にわたり、そのどれもを使いこなすマルチな能力が要求される。

01射撃終了後、ロールバーに結んだ転落防止用ロープを緩め、機関銃のフィードカバーを開いて安全点検を行なう。機銃のマウントは凝った作りだ。**02**発進を待つ間に、車両から振り落とされず、かつ射撃の自由度を阻害しない絶妙なロープの張り具合を探る。**03**機銃搭載の73式小型トラックは単に"偵察車"と呼ばれる。**04**演習開始の直前。**05**以下は演習場エリアから道路に出てくる偵察隊。リーンアウトぎみの姿勢で鋭くターンするカワサキ。**06 07 08**ライトこそ覆っていないが、ウィンドシールドをネットで包み擬装用のベルトを巡らせ、ナンバーまで隠した実戦的な仕様。**09 10 11**こちらはウィンカーまでも覆った凄みのあるRCV。

偵察バイクのヘリコプター搭載要領

偵察教導隊偵察小隊 斥候班B

協力／富士教導団本部広報班

Onboard Bikes
Scout squad "B" of Reconnaissance platoon, Reconnaissance School Unit, FSB

"天駆けるスカウトライダー"によるヘリコプター搭載訓練に立ち合うことができた。中型のUH-1にとって、大柄なバイク2台はかなりやっかいな荷物だ。

タイトな機内にバイクを押し込む

01 UH-1はドアの開口面積こそ大きいがキャビンの平面形に凹凸があるため積載効率はよくない。前側のヒンジドアを外さないと2台のバイクが積めないのだ。02 折りたたみ銃床型の89式小銃を身体の前にまわし、無線機も装着した本番同様の装備で訓練を行なう。03 バイク用のラダー（踏み板）をセットする。04 05 UH-1の床は普通のトラックよりやや高い感じ。ラダーが短いのでかなりの勢いをつける。06 ヘリの天井とバイクのハンドルの間隔はないに等しい。機内で受ける側は頭がつかえた無理な姿勢を強いられる。07 後輪が機内に入ったと思う間もなく、2台目の搭載のためにラダーが素早く移動される。08 バイクは寄せられるだけ機体の前側に寄せる。09 床のフックに固定用のタイダウン（ロープ）を引っかける。10 サスペンションを上から押さえつけて縮め、機体の振動でロープの緩みが生じないようにしっかり固定する。

11

12

UH-1の床はトラックの荷台より高いのだ!!

⓫最初のホンダXLRに続いてカワサキKLXが搭載される。意外なことに新しくて乗りやすいはずのカワサキより、出力特性がシャープなホンダのほうが偵察隊の用途には合っているとかで、ベテランほどホンダに乗りたがるらしい。⓬ハンドルの重さを忍んで付けているライトガードが活躍する場面。⓭すでにライダーの手はハンドルを離れている。⓮⓯後押し役がヘリに飛び乗り、バイクを固定する。キャビンの前後長も幅もぎりぎりである。⓰続いて卸下の様子。斥候隊員はバイクを積んだ余りのような場所に乗っていた。ひとりがラダーを出し、もう一方がロープを解く。⓱万一の安全のため前側でサポートしているが、引き出すわけではない。⓲バイクの勢いになかば引きずられるようにして飛び出す。自分には足場がないので飛び降りるしかない。⓳バイクのギアは2速に入れておき、クラッチを握って降りる。⓴後輪が地面を噛んだところで左手を放すと、押しがけの要領でエンジンが始動するのだ。●この項2005年8月19日撮影

状況開始!
遮蔽位置から飛び出す斥候班

総火演における偵察隊は、航空攻撃の現示(再現)とヘリによる空中偵察に続いて、最初の地上部隊として登場する。規模こそ小さいが、師団の目となり耳となる重要さはますます増しているのだ。

偵察教導隊は〈隊本部および本部付隊〉以下、地上レーダーなどの監視器材をもつ〈電子偵察小隊〉と、3個の〈戦闘偵察小隊〉で編成されている。偵察小隊は機銃を搭載したジープをもつ〈斥候班A〉、バイク装備の〈斥候班B〉、そしてRCV(偵察警戒車)を装備する〈斥候班C〉で構成されている。任務によりそれら単独または組み合わせて情報収集に送り出されるのである。

01総火演開始直前、戦車教導隊の本管中隊 偵察小隊に属するRCVとともに潜む"B班"。徒歩で前方の地形偵察に出る姿も見られた。02 03 04「状況開始」の声と同時にダッシュするホンダ。05ヘリへの搭載訓練に向かう途中で遭遇したB班。この直後、全車が一斉に画面右へ向きを変え、土手の草むらに突進していった。06会場での展示を終え、控えめなピースサインを残して待機場所へ戻っていく。●この項も2005年8月19日撮影

05

01 Here Goes!
Situations Started

宿営地における作業風景
偵察教導隊 偵察小隊

01

■RCV（偵察警戒車）の整備

02

03

04

Scenes at the Camp Sight
Scout platoons of Reconnaissance School Unit

演習の終了後に偵教隊の宿営地へ案内してもらった。01テントが並ぶ宿営地の奥で整備を受けるRCV。作業が終りに近づき、車体カバーが用意される。02 03黄と黒の「虎ロープ」で区切られた駐車場、砲身の洗桿（クリーニングロッド）に注目。25mm砲だと銃用語の槊杖（さくじょう）でも違和感がない。04備品や工具の容器を車内に収容する。あくまで僅かではあるが、RCVの車内には余裕があるようだ。05乗員の携行品を車外へ出し撤収にかかる。右の車両の後部では分解した機関砲の機関部の整備を行なっている。06マーク周囲の跡は映画出演の名残だ（31ページ参照）。07オイル量、タイヤ空気圧、エアクリーナなどをチェックする。08 09バイク置き場でもライダーが装備をつけたままで整備中。

宿営地の全景と各テント

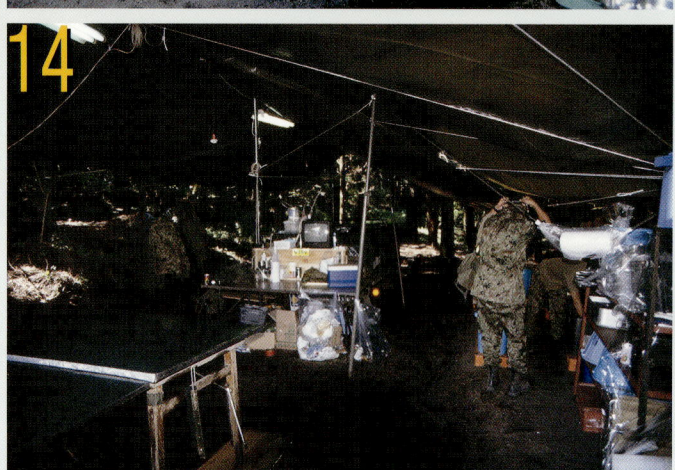

10 11 宿営地の様子。樹木線に沿ってテントが並ぶ。12 13 タープを張っただけの洗い場。13 で食器類を洗ったら、12 で煮沸するという。14 食堂テント。奥には一般にもよく知られた自衛隊装備である〈野外炊具1号〉が置かれている。15 全体を低くして作業性を高めるため、タイヤを埋めている。16 画面左はバイク用テント、右手奥にRCVの駐車場が位置する。●やはり2005年8月19日撮影

通称「キツネ塚」における待機
偵察小隊 斥候班"C"

本書で何度も登場する"狐塚"は総火演の観客席左手1kmほどの地点にあり、待機の時刻こそ異なるが多様な部隊を見ることができる。付近に小さなお堂があるのが名前の由来だという。

Stand by and Maintenannce
Scout Squad"C" of Reconnaissance Platoon

01 時刻はまたも前後する。早朝の点検射を済ませた偵教隊は"狐塚"で整備点検を行なっていた。開けた場所で航空機に身を曝さない原則から、一部の車両は森に入り、そうでない車両も極力樹木に沿って駐車している。
02 理由は笑うだけで教えてもらえなかったが、班内で「アンパンマン1号」と呼ばれていたRCV。当然、僚車はアンパンマン2号である。03 小道に乗り入れたRCV。この奥では偵察車の乗員が地面にシートを広げ、機銃の分解清掃をしていた。04 25㎜機関砲の弾薬箱。05 射撃した25㎜砲弾の薬莢を回収して弾薬箱に戻す。新品はリンク付き40発入りだが、バラの薬莢だけなので200発近く見える。

戦車教導隊本部の偵察小隊
Reconnaissance platoon of Tank School Unit

　総火演では偵察教導隊と行動をともにしていたが、戦車教導隊の本部管理中隊にも偵察小隊が編成され、偵察警戒車を装備している。第2師団や第7師団などのように、連隊規模の戦車部隊ではそれぞれの本部管理中隊に偵察小隊をもっており、教育支援部隊たる戦教隊も当然その基準に合わせてあるのだ。

02 03

04

01 普教連第4中隊の横で待機する戦教隊と偵教隊のRCV群。すでに演習が始まっていて、乗員は爆音の方向を見ている。02 射撃が終わり、安全係のチェックを待つ戦教隊本部偵察小隊のRCV。機関砲の砲耳部分の円形カバーに把っ手が付いているのは比較的最近の車両であり、車体後部の監視用カメラも角型に変っている。連装(同軸)機銃の外側に演習記録用の小型CCDを取り付けている。03 宿営地において25㎜機関砲を外して整備を行なうRCV。04 上と同じ車体。防盾の砲身カラーも外されて、大きな穴が開いている。05 こちらは砲身を地上に降ろして清掃中。左の隊員は砲身から外したマズルブレーキを磨いている。車体後部上では砲の機関部を分解して手入れしていた。06 07 畑岡会場に入ってくるRCV。08 出てゆく同車。01 02のみ2005年8月27日、他は同19日撮影

その他本部付の車両など
Miscellaneous Vehicles, etc...

01

02

03 04

01 エンジントラブルを起こした90式戦車の整備支援に現れた富士教育直接支援大隊（方面隊直轄部隊）の軽レッカー車。これからエンジンデッキを吊り上げようというところ。02 全国から北富士の〈富士訓練センター〉(FTC)を訪れて訓練する部隊の敵役を務める評価支援隊戦車中隊の74式戦車。さまざまな小道具で旧東側の戦車になり切っている。03 普通科教導連隊本管中隊施設小隊のバケットローダ。04 左と同じ所属の小型ドーザ。細部の仕様が異なる2台が並んでいた。05 戦教導3中隊の燃料補給支援を行なう第1後方支援連隊の3トン半燃料タンク車。06 普教連本部の資材運搬車。07 戦教導本部の地雷原処理車。08 09 駐車した戦車の砲身は顔の高さに突き出して危険。注意喚起の看板が下げられる。10 総火演の宿営地はエンジン発電機のおかげでかなり快適。しかし水は3トン半トラックが引いてくるタンクが頼り。戦教隊4中隊の水場。11 自前の後方支援部隊を欠く富士教導団は例の「温泉セット」をもたない。自隊工夫の成果。01 05 10 11 2003年8月23日。02 2004年4月10日。03 04 06 2005年8月27日。07 2005年8月19日。08 09 2004年8月24日。

05

06

07

08
Keigo HONDA (ENTANIYA)

09
Keigo HONDA (ENTANIYA)

10

11

127

巻末4コマ写真劇場
普通科教導連隊
重迫撃砲中隊

01 2005年8月27日、総火演の出番に備えて待機中の普教連重迫中隊。本部のパジェロも追いついてきた。
02 舞台である畑岡広場へ動き出した高機動車「センパイセンパイ。カメラかなんかがいますよ」。
03 「なんだなんだ？ おっホントだ。ビミョ～に怪しいのがいる」
04 「わ～い。記念写真だぁ」「オレも背中からピース(シブいぜ……。)」と勝手にセリフをつけてみましたが、この明るいピースで本項を締めさせていただきます。

陸上自衛隊富士学校の組織と編成
Organization of JGSDF Fuji School

富士学校とは

　陸上自衛隊富士学校のルーツは、昭和27年に福岡県の久留米に開設された［普通科学校］、昭和26年に千葉県の習志野に開校した［特科学校］、同じく昭和26年に群馬県の相馬原に創設された［特車（戦車）教育隊］にさかのぼる。この3つの職種（兵科）学校が昭和29年8月に統合されて現在の富士学校の所在地である静岡県駿東（すんとう）郡小山（おやま）町須走に移駐し、新設の総合学校として現在にいたる歴史のスタートを切ったのである。

　小山町は"足柄山の金太郎"伝承で有名であり、須走口は富士登山道のなかでもっとも一般向きの起点とされている。話はいきなり脱線するが、来年から鈴鹿に代わってF1グランプリが開催されるという富士スピードウェイも小山町に位置するし、最近は町のフィルムコミッション事業が成功しているようで、映画やTVドラマ、戦隊もの特撮まで、驚くくらいさまざまな作品のロケ地として利用されている。

　ところで、"富士学校"の名称には編集部の周辺ですら（だから？）陸軍中野学校の連想からなにやら秘密機関めいた響きを感じるという人がいる。しかし、上記のように3職種をひと括りにして短く表現できる適当な名前がないために地名を冠しただけということらしい。

富士学校の任務と特性

　富士学校の基本的な任務は「普通科（歩兵）、特科（野戦砲兵）、機甲科（戦車・偵察）の各職種（自衛隊ではいわゆる兵種あるいは兵科を［職種］と呼ぶ）ならびに、それぞれの部隊の相互協同に必要な知識・技能を習得させるための教育訓練を実施する」ことにある。この相互協同というところがポイントで、各職種の基本的な技術などを教えるところではないし、もちろん単に学校が3つ集まっただけでもない。

　富士学校の最大の特徴は3科それぞれが単独でなく、各科が連携した協同運用の教育や研究に対応できる点にある。例えば歩兵が攻撃を行なう前には砲兵の攻撃支援射撃が必要になるし、敵陣地の突破には戦車が有効だ。これらを効果的に作戦に利用するには、それぞれの職種や装備の特性を知っておく必要があるのだ。

　歩兵には歩兵の"間合い"があり、戦車や火砲にもそれぞれの間合いがある。90式戦車の120mm APFSDS弾（装弾筒付き翼安定徹甲弾）は発射された途端に飛翔体（弾丸）を支えていた装弾筒（サボー）が3分割されて秒速1500mなどという初速で砲口から飛び出す。すぐに空気抵抗で速度が落ちるとはいえ、拳ほどもある金属が猛烈な勢いで飛ぶのだから、その前面に歩兵が立っていたら危険どころではない。

　味方が前進するのに合わせてその少し前に砲迫の弾着をずらしていく［射程延伸］射撃など、連携の最たるものかもしれない。射程距離を誤れば味方の頭上に砲弾を落としてしまい、味方に損害を与えるばかりか、敵を助ける最悪の結果を招く。

富士学校の組織

- 富士学校（富士）
  - 企画室
  - 総務部
  - 管理部
  - 普通科部
  - 特科部
  - 機甲科部
  - 富士教導団
    - 富士教導団本部および団本部付隊（富士）
    - 普通科教導連隊（滝ヶ原）
    - 特科教導隊（富士）
    - 戦車教導隊（富士）
    - 偵察教導隊（富士）
    - 教育支援施設隊（滝ヶ原）
    - 富士教導団教育隊（滝ヶ原）
  - 部隊訓練評価隊（北富士）
    - 評価支援隊（滝ヶ原）

富士駐屯地（静岡県駿東郡小山町）所在の主要部隊

- 富士学校
- 富士教導団本部
- 特科教導隊
- 戦車教導隊
- 偵察教導隊
- 富士教育直接支援大隊（東部方面後方支援隊の隷下部隊）
- 第105全般支援大隊（東部方面後方支援隊の隷下部隊）
- 開発実験団
- 富士駐屯地業務隊

滝ヶ原駐屯地（静岡県御殿場市）所在の主要部隊

- 普通科教導連隊
- 評価支援隊（別名「第1機械化大隊」）
- 教育支援施設隊
- 富士教導団教育隊
- 富士飛行班（航空学校 教育支援飛行隊の隷下部隊）

富士教導団の編成と装備

富士教導団本部および団本部付隊の編成

富士教導団本部および団本部付隊（富士）
└ 付隊本部・団本部班・通信小隊・対戦車隊・衛生小隊・富士学校音楽隊
　CCV（指揮通信車）、HMV（高機動車）、新旧の73式小型・中型・大型の各トラック、MPMS（96式多目的誘導弾システム）、などを装備
　MPMSは情報処理装置（IPU）・装填機（LDU）、観測器材（OPU）、射撃式装置（GGU）、地上誘導装置（GGU）、発射装置（LAU）で構成。

普通科教導連隊の編成

普通科教導連隊（滝ヶ原）
├ 連隊本部および本部管理中隊
│　└ 中隊本部・連隊本部勤務班・情報小隊・通信小隊・補給小隊・輸送小隊・施設作業小隊・衛生小隊
│　　CCV（指揮通信車）、LAV、大型・中型・小型の各種トラック、小型ドーザ、バケットローダ、資材運搬車、救急車、などを装備
├ 第1中隊（LAVによる装甲車化中隊に改編）
│　└ 中隊本部・数個小銃小隊（01式軽MAT含む）・迫撃砲小隊（81mm L16）・対戦車小隊（87式中MAT）
│　　LAV（軽装甲機動車）、新73式小型トラック（迫撃砲および対戦車小隊）、HMV（高機動車）などを装備
├ 第2中隊（LAVによる装甲車化中隊）
│　└ 中隊本部・数個小銃小隊（01式軽MAT含む）・迫撃砲小隊（81mm L16）・対戦車小隊（01式軽MAT）
│　　LAV、新73式小型トラック（迫撃砲および対戦車小隊）、HMVなどを装備
├ 第3中隊（HMVによる自動車化中隊）
│　└ 中隊本部・数個小銃小隊・迫撃砲小隊（81mm L16）・対戦車小隊（87式中MAT）
│　　HMV（高機動車）を装備。迫撃砲および対戦車小隊は新73式小型トラック（パジェロ）
├ 第4中隊（WAPCによる装甲車化中隊）
│　└ 中隊本部・数個小銃小隊・迫撃砲小隊（81mm L16）・対戦車小隊（87式中MAT）
│　　WAPC（96式装輪装甲車）を装備。迫撃砲および対戦車小隊は73式小型トラック（パジェロ）
├ 第5中隊（FVによる装甲車化中隊）
│　└ 中隊本部・数個小銃小隊（FV自体に対戦車ミサイルと35mm機関砲が備わるため、対戦車小隊と迫撃砲小隊は欠）
│　　FV（89式装甲戦闘車）を装備。中隊本部にWAPC
├ 重迫撃砲中隊（HMVによる自動車化中隊）
│　└ 中隊本部・数個重迫撃砲小隊（120mm RT）
│　　HMVにより120mm迫撃砲RTを牽引。ほかに新73式小型トラックなどを装備
└ 対戦車中隊（73式小型トラックによる自動車化中隊）
　　└ 中隊本部・数個対戦車小隊（79式重MAT）
　　　79式対舟艇対戦車誘導弾（重MAT）搭載の73式小型トラック（新旧が混在）を装備

　普通科、特科、戦車、偵察の戦闘職種の総合学校なら、いちいち外部に支援を求めなくともすべての教育を自前で実施することができる。もっとも、一方では職種ごとの教育が曖昧になるとか、功罪両面があると指摘されもするが、いずれにせよ世界の陸軍であまり例のないユニークな学校組織となっている。

　もちろん各職種ごとの運用研究や、新しい装備や戦術の導入に関する研究開発なども行なう。新装備や戦術などは、真っ先にその配備を受けた富士学校が運用法を確率し、マニュアルを作って配備予定先の隊員に要員教育を行なう。前後してその装備が部隊に配備されると、教育を受けた要員が知識を携えて隊に帰り、それを普及させることになるのである。

入校資格と教育課程

　入校の対象者は、操作に高度な技術を要する装備の操作資格を得るなどの［陸曹特技課程］を受講する陸曹（下士官）をのぞき、ほとんどは久留米の幹部候補生学校（陸自では士官を幹部と称する）を経た幹部候補学生であり、課程のほとんどは3尉（3等陸尉＝少尉）から3佐（3等陸佐＝少佐）までが対象となっている。

　主なコースは、［3尉候補者課程］（Second Lieutenant Course, SLC）、3尉が対象の必須課程である［幹部初級課程］（Basic Officer Course, BOC)、2尉と1尉に必須の［幹部上級課程］、成績優秀として選抜された1尉と3佐が対象の［幹部特修課程］、そして［幹部特技課程］があり、3科に設けられた年間の教育課程は、約1ヶ月の短いものから1年にわたる長期のものまで、合わせて50コース以上にもなるという。

　幹部候補学生は出身別に防大卒業者（B課程）、一般大学卒業者（U課程）、部内選抜試験の合格者（I課程）に分かれる。

　防大卒業者が幹部候補生となって少尉に任官するというのは映画やドラマでも描かれるのでイメージしやすいが、3尉候補者課程（SLC）は、主にベテラン（年齢は30代後半から）の曹長クラスより選考され、試験を受けて進む。幹部候補生とは別のコースとして設定されている。

　経験を積んだいわゆる"叩き上げ"であるベテラン曹長が幹部（将校）となる道が開けているのである。これは建て前でなく実際に機能しており、富士学校広報によれば「これから増えていくんじゃないですか」とのことだった。

　陸曹から見てもうひとつの幹部制度である［部内選抜］のほうは3曹（3等陸曹）、2曹クラスのうち、数年の経験を有し年齢が35歳までなど一定の条件を満たしている者が対象となる。試験を受けてこれに合格すれば幹部候補生（通称"幹候"）となって久留米の幹部候補生学校に入校する。そして富士学校など職種の幹部初級課程（BOC）に入校（受講）するのだ。

　晴れて課程を修了すれば新任の3尉つまり小隊長となって部隊に配属されることになる。このあたり、階級を順番にひとつずつ上がって幹部（将校）になると思っている部外者には少し理解しにくいところだ。

　ところで、富士学校は"学校"という名称がつくゆえに、一般からは単純に戦車乗りや歩兵を育てるための学校と誤解されることも多いが、無理を承知で言うと、いわゆる"士官学校"の実技教育の部門を受け持っているということになる。

特科教導隊の編成

- 特科教導隊(富士)
  - 隊本部および本部管理中隊
    - 中隊本部・隊本部勤務班・指揮小隊・通信小隊・施設小隊
      CCV(82式指揮通信車)、80式気象測定装置JMMQ-M2、73式小型トラック、73式大型トラック、施設車両などを装備
  - 第303観測中隊(方面隊直轄部隊)
    - 指揮班・通信班・音源評定班・測量班・レーダー評定小隊
      新旧73式小型トラック、対迫レーダー、対砲レーダーJTPS-P16を搭載した74式特大型トラックなどを装備
  - 第1中隊(FH-70による牽引砲中隊)
    - 指揮班・観測班・数個戦砲隊
      155mm榴弾砲FH-70、中砲牽引車(74式特大型トラック)、新73式小型トラックなどを装備
  - 第2中隊(FH-70による牽引砲中隊)
    - 指揮班・観測班・数個戦砲隊
      155mm榴弾砲FH-70、中砲牽引車(74式特大型トラック)、新73式小型トラックなどを装備
  - 第3中隊(15HSPによる自走砲中隊)
    - 99式自走155mm榴弾砲(15HSP)、CCV、99式弾薬給弾車、新73式小型トラックなどを装備
  - 第4中隊(M110A2による自走砲中隊)
    - 203mm自走榴弾砲、CCV、87式砲側弾薬車、新73式小型トラックなどを装備
  - 第5中隊(MLRSによる自走多連装ロケット砲中隊)
    - 多連装ロケットシステム(MLRS)、作業装置付き74式特大型トラックなど各種トラックを装備
  - 第6中隊(88式SSMによる自動車化中隊)
    - 88式地対艦誘導ミサイル(SSM)、88式誘導弾装塡車、捜索評定レーダー装置JTPS-P15(SRV)、JTPS-P15評定装置、指揮統制装置(CCS)、射撃統制装置JTSQ-W5(FCV)、88式地対艦誘導弾中継装置JMRC-R5(RRV)など各種機器を搭載した大小のトラックなどでシステムを構成

富士教導団

　富士学校の隷下部隊としては［富士教導団］と［部隊訓練評価隊］がある。また、富士駐屯地には新装備の実用テストや技術試験などを任務とする［開発実験団］があり、その隷下には装備実験隊(富士)、飛行実験隊(明野)、部隊医学実験隊(三宿)の各部隊がある。さらに、主に教導団の支援を行なう部隊として、東部方面隊の直轄部隊である［東部方面後方支援隊］の指揮下にある［第105全般支援大隊］と［富士教育直接支援大隊］が配属されている。前者は装備や車両の整備や補給など、後者は戦車回収車による車両の回収作業などのより部隊に密接した支援を任務としている。

　富士教導団の主な任務は、富士学校が学生に対して行なう教育の支援。つまり学生の教育訓練の実働演習において、その課程を修了すれば新任の小隊長として部隊へ配属される3尉などに小隊の指揮をマスターしてもらうための練習台というか、"駒"としての役割を果たすことである。

　富士学校が新しい部隊運用や戦術を研究するさいに、実際の装備や人員を使用して動いてみせ、効果を実証する任務もある。新しい車両や器材・装備の部隊配備に先駆けて、それらを扱う要員の教育も行なうことから、支援部隊たる教導団にも常に最新の装備が配備されている。もちろん災害派遣や地域への協力など、一般の"自衛隊"としての任務があるのは言うまでもない。

　もっとも、人員の充足率に恵まれることが少ない現場的な本音を勝手に察するに、部隊ではすべての任務を十全にこなすだけの余裕はないらしい。教育支援をはじめ総火演など予定の任務を消化しながら自隊訓練を行なって部隊としての練度を維持するのは楽なことではないようだ。そのうえ本格的な研究開発の支援を行なうには手が足りないといったところだろうか。直接そういう表現があったわけではなく単なる"感触"だが、そのようなニュアンスを含んだ話を聞いたことがある。

教導団隷下の各部隊

　団の編成は表の通り。普・特・機の3職種協同の特性を生かすべく、兵站機能こそ欠くものの、規模といい編成といい、ほとんど旅団といえるものになっている。

　［団本部付隊］(づきたい)は大型で機動力に秀でる指揮下の各部隊を統制するため通信機能が高く、高価なためかまだ数が少ないMPMSをもつだけに対舟艇対戦車能力にすぐれる。それに師団の音楽隊に匹敵するバンドを持つなど、独特の組織となっている。総火演に限れば、これに加えて給食、給水、電気などの支援を担当しており、団に欠ける後方支援の一面を補う性格をももっているのが窺える。

　教導団に隷属する普通科、特科、戦車の各教導(連)隊は、一般師団の相当する部隊に比べて少し規模が大きめだが、地域や部隊によって編成がまちまちな全国の部隊から学生を受け入れ送り出す必要から、各隊すべてが、中隊ごとの装備が異なる変則的な編成になっている。

　以前は有事に際して関東および東海地区における機動打撃部隊の役割を期待された時期もあったらしい。しかし特科の火砲ひとつとっても中隊ごとに射程距離が異なるのでは、まとまった部隊として運用しにくいのは明らかだ。とは言え、防災等と同じく防衛任務も当然付されている。

　また、最近では対人狙撃銃のように、教導団への配備を経ずして九州などの部隊へ送られる装備も現れてきた。しかし、陸自の代表的装備がすべて揃っていて、そのすべてに精通して全国の部隊の模範となる精強な部隊であることは間違いない。

普通科教導連隊

　［普通科教導連隊］は教導団の主力が置かれる富士ではなく、滝ヶ原駐屯地に所在する。駐屯地のルーツは明治42年から旧日本陸軍の演習部隊が富士演習場を訪れた際に使用した「滝河原廠舎」にある。現在に直接つながるのは、昭和31年に編成完結した普通科教導連隊の主力が昭和35年に富士駐屯地から移駐し、滝ヶ原分屯地として発足してからである。昭和40年に駐屯地に昇格して現在にいたっている。

　連隊は、LAV(軽装甲機動車)で装甲車化された第1と第2中隊、HMV(高機動車)による自動車化の第3中隊、WAPCで装甲車化された第4中隊、強力なFV(89式装甲戦闘車)を装備する第5中隊までのナンバー中隊が5個に、本部管理中隊とHMVを主体にした重迫撃砲中隊、そして新旧73式小型トラックで自動車化された対戦車中隊を加え計8個中隊で構成されている。一般師団の普通科連隊に比べて大幅に機械化されていて、全体としてかなり大所帯といえる。

　興味深いのは、同じ普通科中隊といっても各中隊の装備する車両がみごとに異なっているのに応じた編成がとられているということ。後部に乗る小銃班に加えて車両付きの乗員が3名必要で、おまけに師団対戦車隊と同じ対戦車ミサイルまでも装備するFVと、たった4人しか乗れず、車両固有の武装をもたないLAVとでは、小銃班(または分隊)はおろか、小隊の人数からして同じにできないらしい。

戦車教導隊の編成

- 戦車教導隊(富士)
  - 隊本部および本部管理中隊
    - 中隊本部・隊本部勤務班・通信小隊・偵察小隊・補給小隊・施設小隊・整備小隊・衛生小隊
      WAPC（96式装輪装甲車）、RCV（87式偵察警戒車）、MBRS（92式地雷原処理車）、EV（施設作業車）、73式大型トラックなどを装備
  - 第1中隊（74式戦車中隊）
    - 本部班・数個戦車小隊
      74式戦車改、地雷原処理ローラー付きを含む。WAPC、73式大型トラック、73式小型トラックほかを装備
  - 第2中隊（90式戦車中隊）
    - 本部班・数個戦車小隊
      ドーザー付き、地雷原処理ローラー付きを含む。WAPC、73式大型トラック、73式小型トラックほかを装備
  - 第3中隊（74式戦車中隊）
    - 本部班・数個戦車小隊
      74式戦車改、地雷原処理ローラー付きを含む。WAPC、73式大型トラック、73式小型トラックほかを装備
  - 第4中隊（74式戦車中隊）
    - 本部班・数個戦車小隊
      74式戦車改、ドーザー付き、地雷原処理ローラー付きを含む。WAPC、73式大型トラック、73式小型トラックほかを装備
  - 第5中隊（90式戦車中隊）
    - 本部班・数個戦車小隊
      ドーザー付き、地雷原処理ローラー付きを含む。WAPC、73式大型トラック、73式小型トラックほかを装備

偵察教導隊の編成

- 隊本部および本部付隊
  - 隊本部および本部管理中隊
    - CCV（82式指揮通信車）、新旧73式小型トラック、73式中型トラック、73式大型トラックなどを装備
  - 電子偵察小隊
    - 73式中型トラックに搭載した85式地上レーダー JTPS-P11 など電子偵察用機材を装備
  - 3個偵察小隊
    - 小隊本部・斥候班A（ジープ）・斥候班B（バイク）・斥候班C（RCV）

特科教導隊

　特科教導隊は隊本部および本部管理中隊以下、155mm榴弾砲FH-70（えふえいちななまる、通称は"15榴"じゅうごりゅう）を装備する第1と第2中隊、99式自走155mm榴弾砲（15HSP、通称"えいちえすぴー"または"15榴SP"じゅうごりゅうえすぴー）を装備する第3中隊、203mm自走榴弾砲（20HSP、通称20榴"にじゅうりゅう"）を装備する第4中隊、多連装ロケットシステム（MLRS）をもつ第5中隊、88式地対艦誘導弾（SSM）をもつ第6中隊の、計7個中隊で編成され、これに加えて東部方面隊の直轄部隊である第303観測中隊が配属されている。

　部隊の性格は全国の野戦特科部隊の幹部らに対する教育支援に対応するため、師団特科と同様の装備をもつ3個中隊と、方面隊特科群の装備をもつ3個中隊が同居した混成部隊となっている。

　総火演ではFH-70中隊の数が足りないのと、近隣の特科部隊の実弾射撃の機会を増やすため、周辺の特科部隊から例年持ちまわりで1個中隊ほどの支援を仰いでいる。

戦車教導隊

　戦車教導隊は本部および本部管理中隊のほか、5つの戦車中隊で編成され、第1、第3、第4中隊が74式戦車、第2と第5中隊が90式戦車を装備している。北海道以外で90式を装備しているのは、武器学校の整備教育用器材と第1機甲教育隊の車両をのぞくと戦車教導隊だけである。また、90式の射撃統制装置を74式に搭載するのを主眼に4両のみが改造された"74式戦車改"もすべて戦教隊に在籍しており、"試験部隊"でもある同隊の一面を伺い知ることができる。

　年間40両ペースで74式が減勢（用途廃止、つまり廃車のこと）するなか、戦教隊にはこのところ変化がないように見える。が、器材の管理替え（所属が変わること）はわりと頻繁に行なわれているようだ。

　最近では北海道の第2師団や第5旅団に90式の配備が進んでいることもあって、それまで同地で使われていた74式が運び出されている。戦教隊にも74式の比較的新しい派生型である地雷処理ローラー仕様が搬入されたと聞く。ちなみに、ぼんやり見ていると90式用も74式用も同じにしか見えないローラーも、地雷を踏む円盤の数が違うだけでなく、車体への取り付けブラケットの角度が異なるなどしているらしい。

偵察教導隊

　偵察教導隊は隊本部および本部付隊以下、電子偵察小隊と3個の偵察小隊で編成されている。小隊には小型トラック（通称パジェロ）に機銃を搭載した［偵察車］を使うA班、バイク（自衛隊では"オート"と呼ぶ）のB班、それに偵察警戒車［RCV］のC班があるが、自分の担当外の車両には乗れないというのでは困るので、隊員はそのすべてを乗りこなす訓練を積んでいるという。同じように、扱う火器も89式小銃から偵察車の5.56mm機関銃MINIMI、RCVの装備である74式車載7.62mm機関銃と25mm機関砲、それにRCVの車内に格納してある84mm無反動砲にまでおよぶ。自衛隊ではいったん特定の装備を扱うための資格［特技MOS］を取ると、担当が固定化されてしまう傾向にあると聞いたことがあるが、偵察隊では担当する車両や火器を固定化せず柔軟に運用しているという。同様に偵察任務の場合も、各班を単独で出

教育支援施設隊の編成

- 教育支援施設隊(滝ヶ原)
  - 隊本部および本部付隊
  - 交通小隊(陣地間および後方の移動路の整備・維持)
  - 築城小隊(陣地、壕等の構築ならびに隠蔽)
  - 障害小隊(地雷の敷設および通路開設、橋梁破壊、地隙の処理)
  - 機動小隊(前線の通路および地形障害等の通過支援)
  - 渡河小隊(河川障害の克服、各種橋梁架設)

前線における作業用機材／EV(施設作業車)、75式ドーザ、91ARBV(91式戦車橋)、MBRS(92式地雷原処理車)など。
渡河および地隙の通過器材／81式自走架柱橋(1セット6両で構成)、パネル橋MGB、軽徒橋など。
地雷敷設および撤去器材／道路障害作業車、87式地雷散布装置、83式地雷敷設装置、70式地雷原爆破装置、指向性散弾など。
汎用の作業機器／グレードローラ、グレーダ、バケットローダ、中型および大型ドーザ、油圧ショベル、トラッククレーン、大小トラック、ダンプなど。

評価支援隊の編成

- 部隊訓練評価隊(北富士)
  - 評価支援隊(滝ヶ原)
    - 隊本部
    - 第1中隊(WAPC(96式装輪装甲車)を主体とする装甲車化中隊)
    - 第2中隊(WAPCを主体とする装甲車化中隊)
    - 戦車中隊(中隊規模の74式戦車による)
      - 「第1」(中隊を2分割して運用。「小隊」ではない)
      - 「第2」

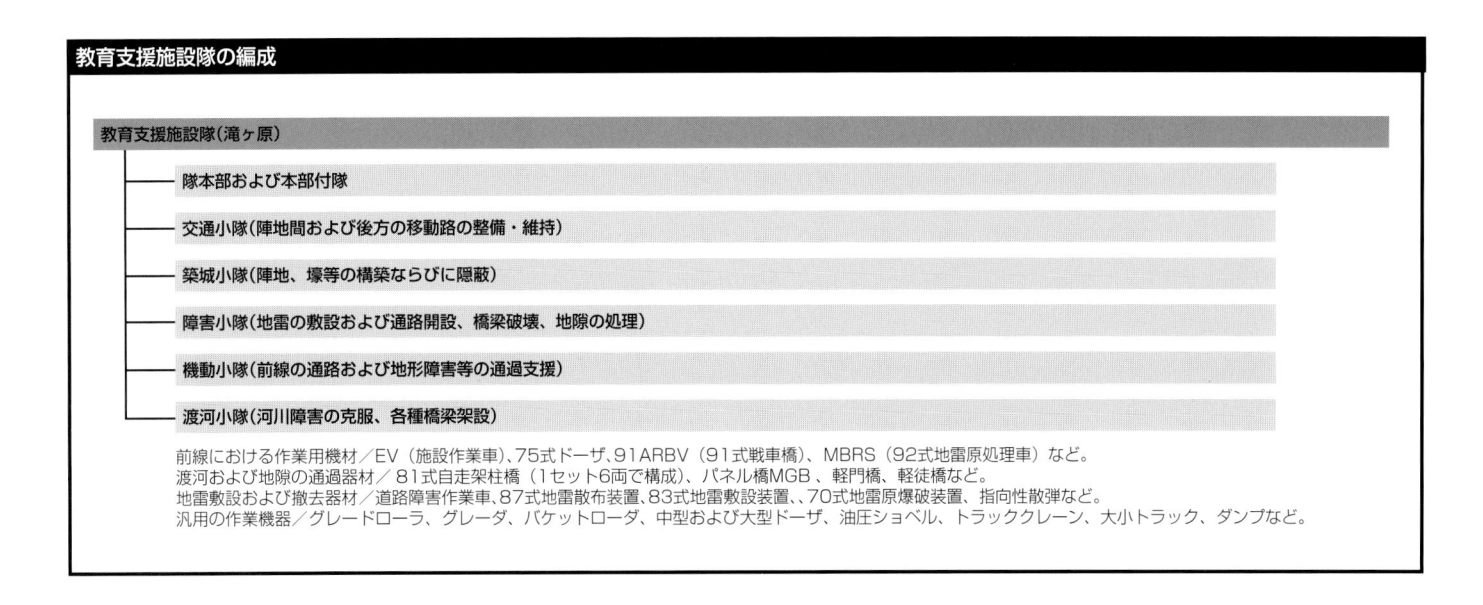

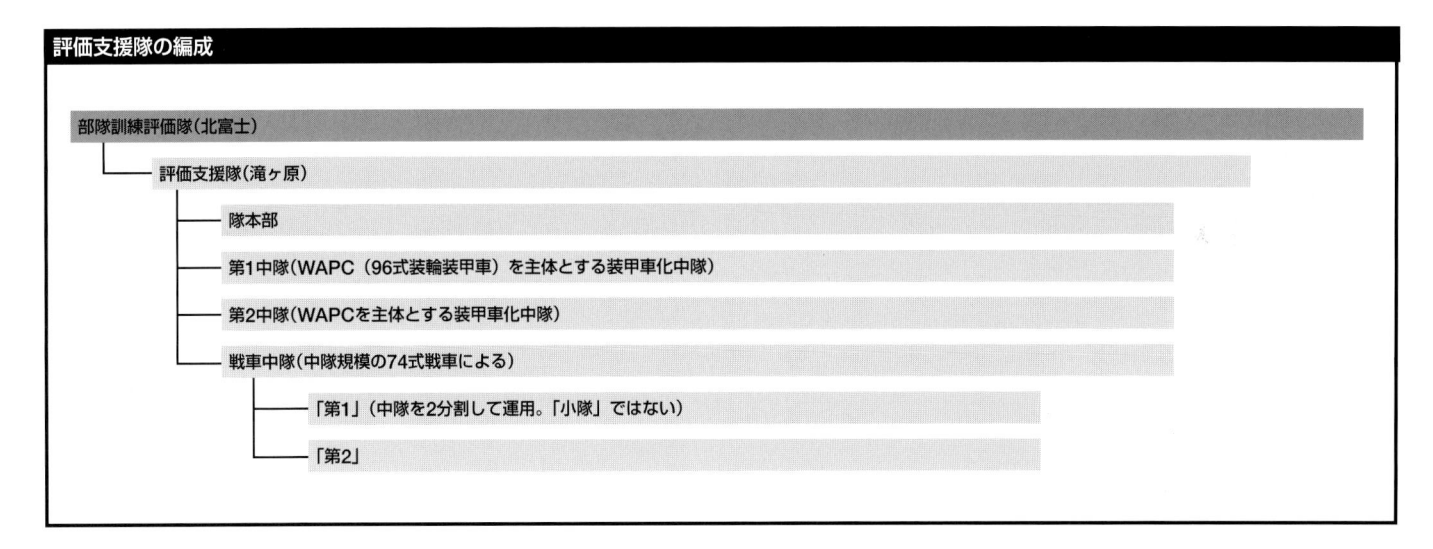

したり組み合わせたりと、地形や状況に応じた作戦を行なうという。

教育支援施設隊

[教育支援施設隊]は、平成14年3月に第110施設大隊が廃止されたことに伴って新編された。やはり学生教育の支援を主な任務とし、東富士演習場の整備にも責任を負っている。教導団の各部隊が実働するさいに必要となる戦闘支援を提供する土木建築のプロ集団で、近年は92式地雷原処理車や施設作業車が導入され、より"戦闘工兵"の趣を強くしつつある印象だ。

隊は本部以下、築城、障害、機動支援、交通、渡河器材の5個の小隊で編成されている。[築城]とは古い表現だが、塹壕を掘ったり、掩体を築いたりする陣地構築のこと。防御を強化し、その気になれば大掛かりな要塞をつくることもできる。[障害]は地雷の敷設や処理、橋梁の破壊や補修、道路に穴を掘って敵の通過を妨げたり、逆に埋め戻して味方を通したりする。[機動支援]は前線における直接的な移動の手助けを行なう。[交通]は陣地間の移動やヘリポートの設営、補給路の確保など、やや後方での支援を担当する。[渡河器材]は文字どおり水障害を克服する装備を持って部隊を支援する。

6台で1セットの81式架柱橋(がちゅうきょう)や91式戦車橋をはじめ、大型の機材を多数備えており、その多様さを一覧にしてみると、操作する人員より多いのではないかと錯覚するほどの"機械持ち"である。

団教育隊

[団教育隊]は富士学校としてではなく、富士教導団の部隊として隊員や防衛庁の事務官などの教育にあたる。中隊などの固定的な編成はないが、相応の車両類を備え、自動車免許の取得教育を行なうための教習コースをもっている。

評価支援隊(富士学校の隷下部隊)

[評価支援隊]は平成12年に北富士駐屯地に設けられた富士訓練センター(FTC)の運用を行なう[部隊訓練評価隊]の支援を行なう実働部隊で、普通科、特科、機甲科、施設科からなり、[第1機械化大隊]の別名をもつ。全国から訓練に訪れる部隊を相手に敵役を務める、いわば"アグレッサー部隊"であり、これを専門に務めているのは陸自でも評価支援隊だけである。

FTCはレーザー光線を利用した模擬交戦装置をはじめ無線傍受やカメラなどの各種センサーからのデータを光ファイバーでコンピュータに送り、個々の位置や銃砲弾の命中などをリアルタイムで自動判定できる大がかりな施設だ。昼夜や電子戦環境のあるなしを問わず実戦場をシミュレートできるという。

評価支援隊はWAPCで装甲車化された2個普通科中隊と戦車中隊で編成されており、それぞれ車両には赤い星を基調にしたマークを付けるなど、旧東側部隊を思わせる出で立ちになっている。特に74式戦車にはT-55やT-72を特徴づける丸型のサーチライトを模した扮装まで行なわれていて興味深い。

●P.136-表3
2004年6月10日「普特機施」協同訓練の最終日。雨中で行なわれた訓練を支援する戦車教導隊第2中隊の90式戦車。周囲を警戒する砲手の戦車帽を覆う迷彩カバーが目新しい。

●カバー(裏表紙)
戦車教導隊第2中隊が整備を終え、戦車を森の奥に引き込むころになって周囲は霧に覆われ始めた。丸く開けた森の上空からの光が劇的な効果を出している。2003年8月23日。

あとがき Afterword

陸上自衛隊富士学校には御殿場周辺の自衛隊を訪れるメディアに広く知られた広報幹部が在籍し広報班を率いている。彼は富士学校と演習場の"鉄壁の門番"とでもいおうか、それらに関わる取材や協力のすべてを取り仕切っており、避けようと思っても避けて通れない存在となっている。

例えば総火演。最初くらいはほかの媒体に紛れてすり抜けられるかもしれない。しかし、当然チェックは入っており、次の機会には「あれぇ、いつご一緒にお仕事した方でしたっけ」などと、にこやかに笑いかけながら厳しく誰何する熟練の技(?)を体験することになるだろう。

「たしかに市ヶ谷は申請を受理したかもしれないけれども、それで無条件に何をしてもOKだと勘違いしてもらっちゃ困るんですよ。取材する側と取材される部隊両方の安全を預かる立場として我われがいるんですからねぇ」というわけだ。

ところが、いったんスジを通して取材意図さえ伝われば、こんどは「ここまで他人のために親身になって動ける人が本当にいるんだ」と驚愕することになる。自分の側の都合でなく、どうにかして依頼側の要望を満たそうと調整を図ってくれるのである。例え『陸自が全面協力』と謳ったとしても、この人がいなければ『ゴジラ』『ガメラ』の両シリーズをはじめ、映画とTVドラマの両『戦国自衛隊』も、あのような形ではけっして実現しなかっただろうと思う。

ちょっと堺正章にも似た愛嬌のある風貌、いつもにこにことソフトな物腰。それでいていざ仕事となるとびしばしと部隊を動かす姿に、スタッフは彼を頼りにし、たちまちファンにもなってしまう。映画のTV特番やドラマの番組宣伝に必ずといっていいほど出演していたのもまったく不思議ではない(タレントのカバちゃんの尻に蹴りを入れたり、反町隆史を「やっぱりかっこいいよね。あんな小隊長だったら皆ついていくんじゃないですか」とか評していた人です。観て憶えている人もいるかも)。

その"子分"といったら失礼だけど、命令系統でも富士学校の隷下になる教導団本部の広報班に直系というか、傍目にもまるで師匠と弟子のような関係に見える陸曹が在職する。彼もまたなんとか自分の仲間の姿をメディアに乗せPRしようと熱心であり、自分の権限がおよばない場合でも上司に掛け合うなどしてそれを実現させてしまうパワーをもっている。そして、通例だと3年間あまりの任期中に、なんらかの"仕事の成果"を残そうとしていたのだった。

さて、富士総合火力演習は毎年必ずTVニュースで扱われるし、観覧したことはなくても概要を知っている人は少なくないかと思う。ところが派手な発砲シーンやらヘリコプターのリペリングなど、一般の目を引くショーの部分と「一日で煙になった」弾薬の経費だけが報道されるのと同様、実際に会場に足を運んでも、発砲するまでの状況や装備を扱う隊員を目にする機会はあまりない。

一方、本格的な野戦演習にあって本気の作戦行動をしている機械化部隊は動きが速くて追いきれず、ましてやファインダーの中で絵になるような状況にめったに遭遇できるものでもない。なにしろエンジン音は聞こえていてもどこに潜んでいるのかさっぱり分からず、やっと見えたと思っても一瞬で薮から薮へと姿を消してしまうのだ。

ところが、総火演はある一定のシナリオに沿って実施される"展示演習"であり、あらかじめこちらが予想したイメージ——せいぜい戦争中の記録写真だったり、戦争映画のある場面だったりするわけだが——に合った状況に遭遇できる可能性が高い。総火演の「現代戦の火力戦闘の様相の展示」という本来の趣旨からはすこし外れてしまうものの、会場をちょっと離れるだけで各種装備を扱っている様子をつぶさに見ることができる。

最初は観覧席の一部に設けられた報道用エリアでしか取材できないと思っていたのだが、何度か通っているうちに件の広報幹部さんや"戦う広報陸曹"さんと顔見知りになり、しかるべく取材申請すれば観覧席を離れて取材することができ、写真を公表できそうだということが分かってきたのだった。

というわけで、ちょうど見せたい側と見せてそれを伝えたい側との思惑が一致して、結果としてこの本になった。そのうえ手に取って見てくれた方の興味をこれが満たすようなら大変うれしいと思う。

このなかで印象的なシーンだと思ってもらえるものがあれば、それは案内してくれる前にわざわざロケハンを行なって、数々の"お薦め撮影ポイント"を呈示してくれた広報陸曹さんの力が大きい。彼の仕掛けた罠にこちらが嵌まったようなものである。

もちろん、実績に乏しい者の取材申請に対して、驚くくらい柔軟な対応をしてくれた陸上幕僚監部広報室と、それを受けて取材をセッティングしてくれた富士学校広報班の円滑な連携がなければこの実現もなかった。それぞれの担当の方々に感謝します。

例えば、演習の日時が迫ってしまい、今回はダメかなと思いながら申請したときの話。まず電話で問い合わせてみると、「さっそく行っちゃいますか」というお返事。思わず「えっ、いいんですか」と返すと「だって見たいんでしょ?」と。「はい、そりゃ見たいです」とすぐに手続きをする。

ほどなく「陸幕から連絡もらったんだけどさぁ、今日の明日で申し訳ないんだけど来れます?」と連絡が入る。こちらから言い出しておいて断ろうはずもなく行くことにすると「じゃ0430(朝4時半)に現地集合でお願いしますね」さすがスピードが身上の"機甲旅団"をかかえる富士学校。ダメなものはダメ、OKとなれば事は素早く進む。

どちらにせよ、陸自の命令系統はスルドく機能しているものだと感心してしまった。

なにより、自分の仕事をしているところにカメラを持って入り込み、しつこく写真を撮るのを許してくれたうえ、"なにげなくかっこいい"数々の名場面を提供してくれた各部隊の皆さんにもお礼を申し上げます。

陸幕広報室のストック写真から傑作を使わせてもらえたのもラッキーだった。"基地祭ハンター"こと滝崎さん、『モデルグラフィックス』『アーマーモデリング』の"熱血カメラマン"本田さん、"玖珠戦車団"写真提供の井上さんもありがとう。

それから、ご注意。上のように、この本の写真は紛れもなく撮影時の一瞬を切り取ったものに間違いない。ところが、写真の説明文は取材時に広報さんなどを通して聞き知ったと自分で思っていることや各部隊のウェブサイトなどを参考にさせてもらって書いたものでしかない。編著者の個人的な推測や感想が含まれ、思い込みや事実誤認があるかもしれない。できるだけ確認を取るように心がけたが、自衛隊の公式見解や、隊員の立場を代弁するものではないので念のため。なにかお気づきの点があったら、奥付欄のアートボックスまでご一報いただければ幸いです。

読者の皆さまにお願い

この部隊にこんなマークが付いているのを知っている。駐屯地の記念行事でこんなマークの写真を撮った。こんな車両が新たに配備になっていた。など、陸自に関する情報をお寄せください。今後の企画に反映させたいと思います。もちろん、各部隊の広報担当の方、隊員の方からのご意見ご提案など、なんでも大歓迎です。

陸上自衛隊の機甲部隊
――装備車両&マーキング

編・著者	浪江 俊明
写真撮影・提供	本田 圭吾（インタニヤ）
	滝崎 紀明
	井上 大輔
	陸上自衛隊
特記以外の写真	浪江 俊明
地図・図版製作	株式会社 サンアート
取材協力	防衛庁陸上幕僚監部広報室
	陸上自衛隊富士学校広報班
	富士教導団本部広報班／教導団隷下各部隊の広報班
装丁・デザイン	丹羽 和夫
DTP	小野寺 徹
発行日	2006年6月25日 初版第1刷
発行者	小川 光二
発行所	株式会社 大日本絵画
	〒101-0054 東京都千代田区神田錦町1丁目7番地
	Tel.03-3294-7861（代表）
	URL.http://www.kaiga.co.jp
編集人	浪江 俊明
企画・編集	株式会社 アートボックス
	〒101-0054 東京都千代田区神田錦町1丁目7番地
	錦町1丁目ビル4F
	Tel.03-6820-7000（代表） Fax.03-5281-8467
	URL.http://www.modelkasten.com/
印刷・製本	大日本印刷株式会社

©2006 浪江俊明／株式会社 大日本絵画

本書掲載の写真および記事等の無断転載を禁じます。

GSDF Armored Forces ―― Vehicles, Insignias and Operations
by Toshiaki NAMIE

Published in 2006 by DAINIPPON KAIGA Co., Ltd.
Nishiki-cho 1-7, Kanda, Chiyoda-ku, Tokyo 〒101-0054
Tel. 81-3-3294-7861
URL.http://www.kaiga.co.jp.
Copyright ©2006 DAINIPPON KAIGA Co., Ltd./Toshiaki NAMIE